Böhnke

ePlacement

Outplacement 3.0 als effizientes *und* sozialverträgliches HR-Instrument in Zeiten volatiler Märkte

„Der eigene Erfolg ist nur durch den Erfolg anderer möglich.“

Manfred H.W. Böhnke

Christian M. Böhnke

ePlacement

Outplacement 3.0 als effizientes *und* sozialverträgliches HR-Instrument in Zeiten volatiler Märkte

Kompaktwissen für die Praxis

Verlag Personal, Recht, Management Ltd.

Bibliographische Information der deutschen Nationalbibliothek
Die Deutsche Nationalbibliothek verzeichnet diese Publikation in der Deutschen Nationalbibliographie; detaillierte bibliographische Daten sind im Internet über http://dnb.d-nb.de abrufbar.

Niederlassung Deutschland: Lindlaustr. 2a, 53842 Troisdorf

Umschlagskonzeption: Verlag Personal, Recht, Management Ltd.
Titelbild: © Konstantin Gastmann / PIXELIO
Satz: Verlag Personal, Recht, Management Ltd.
Druck: Books on Demand GmbH, Norderstedt
Printed in Germany, April 2012

ISBN 978-3-941388-44-4

Vorwort

In Deutschland werde „mit kaum einer Ressource so verschwenderisch umgegangen wie mit der Ressource Humankapital.[1]" Das jedenfalls behaupten in 2001 verschiedene Wissenschaftler, die sich in Deutschland mehr ökonomische Kompetenz im personalwirtschaftlichen Handeln wünschten. Die Grundlagen für diesen Wunsch kamen, wie so oft, aus den USA. Dort beschäftigt sich die wissenschaftliche Disziplin „Human Economics" damit, die ökonomische Forschung mit dem Erkenntnisstand der Wissenschaften zum Thema „Mensch, sein Denken, Fühlen und Handeln" zu verbinden. Wie lange es dauern könnte, bis sich für den deutschen Kulturkreis relevante Ergebnisse der „Personalökonomik" in deutschen Unternehmen wiederfinden, mag ein Blick auf die Historie der deutschen Outplacementberatung nahe legen. Ende der Siebzigerjahre kam das Thema Outplacement erstmalig nach Deutschland. Gute dreißig Jahre später attestiert eine Studie[2] des Bundes Deutscher Unternehmensberater (BDU) den Outplacement-Beratern in Deutschland zwar steigende Umsätze, beschreibt den Outplacement-Markt insgesamt jedoch immer noch fast ein wenig mitleidig als überschaubar. Stellt man den Umsätzen der Outplacement-Dienstleister die annähernd 40 Millionen Beschäftigten in Deutschland gegenüber, so wird schnell deutlich, dass die große Mehrheit der Beschäftigten in Deutschland wohl niemals in ihrem Leben einen eigenen Outplacementberater zu Gesicht bekommen wird.

Ausdrücklich nicht mit einbezogen sind an dieser Stelle andere Maßnahmen wie beispielsweise Beschäftigungs- und Qualifizierungsgesellschaften, welche alleine in ihrer Gesamtheit den hier isoliert betrachteten Outplacement-Markt um einen kaum abschätzbaren Faktor übersteigen. Nun könnte man natürlich mit ökonomischer Vernunft einwenden, dass im Zusammenhang mit Outplacement nur Vollbeschäftigte zu zählen seien. Doch auch von den 38 Millionen „Vollbeschäftigten", die eine Studie[3] der Bertelsmann-Stiftung und des „Institut zur Zukunft der Arbeit" 2007 in Deutschland auswies, dürfte noch heute nur eine Minderheit der Arbeitnehmer wissen, was eigentlich konkret unter Outplacement zu verstehen ist. Eine Vermutung, die schon deshalb nicht allzu weit hergeholt erscheint, wird doch im Internetportal des wohl mitgliederstärksten Netzwerks für Personaler in Deutschland Outplacement im Februar 2011 thematisch mit Offshoring, Outsourcing und Zeitarbeit in der gleichen Rubrik geführt.

Doch ist der hier skizzierte Zusammenhang zwischen personalökonomischem Denken und Outplacement nicht allein der gemeinsamen Herkunft geschuldet. Aktuell ändern sich für die meisten Bürger – und nicht nur für die Beschäftigten in Deutschland, spürbar die ökonomischen Rahmenbedingungen. Spätestens ab 2015, so sagen Wissenschaftler schon seit Jahren voraus, wird die deutsche Wirtschaft die Folgen des demografischen Wandels zu spüren bekommen. Demgegenüber wird der zusätzliche Aufwand, den Personaler vielerorts schon heute für die Rekrutierung bestimmter Fachkräfte aufzubringen haben, wie die viel zitierten „Peanuts" erscheinen. Auch angesichts dieser Prognosen untermauert das vorliegende Buch die Notwendigkeit eines professionellen, aber auch kostensparenden Transfermanagements für Unternehmen und HR-Management, analysiert die Engpassfaktoren klassischer Outplacement-Maßnahmen und zeigt innovative Lösungen zur sozialverträglichen und konfliktarmen Gestaltung bei betriebsbedingten Personalanpassungen auf.

Die mittlerweile nahezu omnipräsente Bereitstellung von leistungsfähigen Datennetzen, gepaart mit einer weitestgehend im Umgang mit PC und Internet versierten Mitarbeiterschaft, eröffnen dem HR-Management innovative neue Möglichkeiten der Etablierung eines ganzheitlichen Freisetzungsmanagements durch den flächendeckenden Einsatz effizienten Individual-Outplacements. ePlacement-Consulting, als modernes Outplacement-Konzept der zweiten Generation, eröffnet durch den Einsatz moderner Kommunikationsmittel und der damit einhergehenden Kosteneinsparung damit erstmals die Möglichkeit, individuelle Outplacement-Maßnahmen interhierarchisch zu implementieren, und so potenziell schwerwiegenden Schaden für das Unternehmen zu vermeiden.

Dabei kommt auch der Aufrechterhaltung der Beschäftigungsfähigkeit unter den zumindest kurzfristig nicht mehr benötigten Mitarbeitern angesichts der sich abzeichnenden Verknappung gut ausgebildeter Fach- und Führungskräfte eine besondere Bedeutung zu. Unternehmen als volkswirtschaftliches Kollektiv werden es sich künftig immer weniger leisten können, kurzfristig nicht mehr benötigte Mitarbeiter intern oder extern „zu parken“ und der De-Qualifizierung preiszugeben. Moderne Outplacement-Innovationen können dazu beitragen, dass Unternehmen am Innovations-, Wissens- und Dienstleistungsstandort Deutschland weniger „verschwenderisch“ mit der Ressource Mensch umgehen. Darüber hinaus hoffen wir, insbesondere jene Sichtweise zu objektivieren, welche den Nutzen von Outplacement als eher sozialromantisch verklärt denn als ein auch unter betriebswirtschaftlichen Maßstäben effizientes personalpolitisches Instrument sieht. Deutschlands Unternehmen wie auch seine Arbeitnehmer brauchen zukünftig verstärkt intelligente Outplacement-Lösungen – und zwar in erster Linie schon jeweils aus rein ökonomischen Gründen.

Dieses Buch soll sowohl einen Beitrag leisten, die Möglichkeiten moderner Outplacement-Lösungen der zweiten Generation aufzuzeigen als auch dazu beitragen, dass Personaler und Führungskräfte am Standort Deutschland erkennen: Nicht Altruismus, Menschenfreundlichkeit oder ehrenwerte volkswirtschaftliche Argumente sprechen für einen breit gefächerten Einsatz von Outplacement in Deutschland, sondern vor allem ein nüchternes, betriebswirtschaftliches Kalkül auf der Grundlage ökonomischen Denkens. In diesem Sinne wünsche ich Ihnen viel Spaß beim Lesen und stehe Ihnen gerne für Rückmeldungen oder weitere Informationen zur Verfügung.

Hamburg, Januar 2012

Christian M. Böhnke

Inhaltsverzeichnis

1 Willkommen auf den volatilen Märkten

Von Christian M. Böhnke

Jede Organisation von Menschen, gleich welcher Art, ist abhängig vom Ausmaß ihrer Heterogenität ein mehr oder minder komplexes, soziales System, welches grundsätzlich schon darauf angewiesen ist, sich an veränderte Umweltbedingungen anzupassen, will es im jeweils angestrebten Segment bestehen. Jede Veränderung hat jedoch immer auch Auswirkungen auf die Mitglieder der Organisation, sprich auf die Mitarbeiter im Unternehmen. Trennungen sind dabei eben nicht mehr automatisch gleichzusetzen mit dem Eingestehen des geschäftlichen Versagens, ein im Rahmen eines psychologischen Vertrages auf Langfristigkeit angelegtes Beschäftigungsverhältnis trägt plötzlich kaum noch. Zwangsläufig werden mindestens von einer Seite, oft sogar von beiden Parteien, Erwartungen enttäuscht.

Unternehmen werden, wie eine Studie der Unternehmensberatung McKinsey unter dem Titel „Willkommen in der volatilen Welt" aus 2010 untermauert, jedoch künftig mit einer deutlich gestiegenen Volatilität an den globalen Märkten zu rechnen haben. Dabei spielen stärkere Ausschläge der jeweiligen Konjunkturindikatoren, wie sie während der Krise an den Finanzmärkten nach dem Zusammenbruch der Investmentbank Lehman Brothers im September 2008 zu beobachten waren, eine ebenso wichtige Rolle im volatilen Wirtschaftsgefüge wie auch die gestiegenen Anforderungen an die Flexibilität der Unternehmen. Dass mit zunehmenden Schwankungen, gepaart mit einer flexiblen Anpassung an veränderte Marktvoraussetzungen, echte Herausforderungen für das HR-Management einhergehen, liegt dabei auf der Hand. So nannten die von der Personalberatung Egon Zehnder befragten 836 Spitzenmanager auf die Frage nach den wichtigsten Erfolgsfaktoren im Umgang mit Krisen zu 64 % (und 57 % der deutschen Top-Manager) dabei als entscheidende Eigenschaft die Fähigkeit, sich an künftige Herausforderungen anzupassen.[4]

Stützungsinstrumente nur begrenzt einsetzbar

Obgleich das deutsche Bruttoinlandsprodukt (BIP) in 2009[5] mit satten minus 5,0 % derart stark eingebrochen ist wie seit der Gründung der Bundesrepublik 1949 noch nicht (und damit mehr als fünfmal so stark wie beim bisher stärksten Einbruch 1975 nach der Ölkrise!), hielten sich die Auswirkungen auf die Beschäftigungsquote dennoch sehr in Grenzen. Während die Arbeitslosenquote in den USA trotz eines deutlich geringeren Einbruchs des Bruttoinlandsproduktes um 5,0 % gestiegen ist, blieb diese in Deutschland nahezu konstant. Diese Entwicklung ist sicherlich auf den massiven Einsatz staatlicher Stützungsinstrumente wie Kurzarbeit und anderer zurückzuführen. Gleichwohl weist die McKinsey-Studie deutlich darauf hin, dass derartige staatliche Stützungsmechanismen stets nur für einen begrenzten Zeitraum greifen, da sie „zu Lasten der Produktivität und damit der nachhaltigen Wettbewerbsfähigkeit" gingen. So wären „bei einer Produktivität auf Vorkrisenniveau und unveränderter Gesamtarbeitszeit (…) rund 2,2 Mio. Arbeitnehmer weniger notwendig gewesen, um die Wirtschaftsleistung des Jahres 2009 zu erzielen; die Differenz wurde zu etwa gleichen Teilen durch geringere Produktivität und kürzere Arbeitszeiten abgedeckt."

Lehren aus der Krise

Diese Zahlen machten deutlich, dass sich der Einsatz von Stützungsinstrumenten einerseits als erfolgreiches Instrument in der letzten Weltwirtschaftskrise erwiesen hat, um die Beschäftigungsquote konstant zu halten; andererseits jedoch die gesamtvolkswirtschaftlichen Aufwendungen dafür in die Milliarden gehen. Eichhorst und Marx (2009)[6] sehen ebenfalls den arbeitsmarktpolitischen Nutzen, weisen jedoch auch auf die Gefahr des Protektionismus hin, wenn damit nicht nur, wie beabsichtigt, bei einem vorübergehenden, konjunkturbedingten Arbeitsausfall Entlassungen verhindert werden, sondern notwendige strukturelle Anpassungen verzögert werden könnten. Vor dem Hintergrund der steigenden Verflechtung deutscher Unternehmen in den globalen Märkten, angesichts der hohen Exportorientierung der heimischen Wirtschaft sowie fiskalpolitischer Unsicherheiten sollten sich die Entscheider in den Unternehmen, aber auch in der Politik nach Einschätzung der Studie auf eine „anhaltende Phase hoher Volatilität" einstellen: Der Korridor der möglichen konjunkturellen Entwicklung habe sich „(…) angesichts der zahlreichen globalen Risiken verbreitert", woraufhin „unternehmerische Entscheidungen damit ebenso wie politische Weichenstellungen der gestiegenen Unsicherheit und Volatilität Rechnung tragen" müssten, so McKinsey.

Fachkräftemangel und Beschäftigungslücke

Angesichts des sich bereits heute deutlich abzeichnenden und sich in den kommenden Jahren aufgrund der demographischen Entwicklung weiter massiv verstärkenden Fachkräftemangels steht damit das HR-Management vor einer essentiellen Herausforderung. Trotz der tiefgreifenden, weiter steigenden Bedeutung der Gewinnung und Entwicklung qualifizierter Mitarbeiter für das Unternehmen wird sich in einer „volatilen" Weltwirtschaft auch der Abbau nicht mehr benötigten Personals aufgrund sich zunehmend schneller verändernder Nachfragesituationen als eine Konstante im Aufgabenbereich des HR-Managements entwickeln.

Die auf den ersten Blick paradox anmutende Situation, gleichzeitig Mitarbeiter rekrutieren wie anderorts freisetzen zu müssen erklärt sich schnell, wenn man sich vor Augen hält, wie sehr das Reaktionstempo auf den global deregulierten Absatzmärkten infolge des Ausbaus leistungsfähiger Datennetze in den letzten Jahren zugenommen hat.

Gleichzeitiger Auf- und Abbau personeller Ressourcen als Paradoxon

Dass sich als Korrelativ hierzu auch die Produktlebenszyklen weiter verkürzen, scheint offensichtlich, wird es doch für den Markterfolg zunehmend wichtiger, unmittelbar auf Kundenwünsche zu reagieren. Daneben verkürzen sich, nicht zuletzt aufgrund des technologischen Fortschritts, auch Entwicklung oder Weiterentwicklung der Produkte und damit deren Verweildauer auf dem Absatzmarkt. Ein besonders plastisches Beispiel dafür liefert uns seit Jahren die Entwicklung in der Mikroelektronik. Das "Mooresche Gesetz" (nach dem sich mit jeder Produktgeneration die Leistung der Prozessoren annähernd verdoppelt während sich der Preis dieser Leistung halbieren soll), ist dafür ein viel zitiertes und sicherlich extremes Beispiel. Dass sich aber, wie in dem eben genannten Beispiel, die Produktlebenszyklen verkürzen, liegt auf der Hand. Obwohl die technische Entwicklung in der IT-Branche sicherlich rasant ist, gilt sie aber in abgeschwächter Form durchaus auch für viele andere Branchen.

HR-Entscheider als Architekten der „schöpferischen Zerstörung"

Dabei wird sich manch einer an Schumpeter und sein Konzept der „schöpferischen Zerstörung"[7] erinnert fühlen: „Die Eröffnung neuer, fremder oder einheimischer Märkte und die organisatorische Entwicklung (…) illustrieren den gleichen Prozess einer industriellen Mutation – wenn ich diesen biologischen Ausdruck verwenden darf –, der unaufhörlich die Wirtschaftsstruktur *von innen heraus* revolutioniert, unaufhörlich die alte Struktur zerstört und unaufhörlich eine neue schafft. Dieser Prozess der „schöpferischen Zerstörung" ist das für den Kapitalismus wesentliche Faktum. Darin besteht der Kapitalismus und darin muss auch jedes kapitalistische Gebilde leben." Durch eine beschleunigte Neukombination von sich erfolgreich am Markt durchsetzenden Produktionsfaktoren werden somit zunehmend bestehende Strukturen tangiert – im Positiven wie im Negativen. Als Architekt künftiger Wertschöpfungsketten wird das moderne HR-Management dabei durch die Sicherstellung maßgeschneiderter Human Resources je nach Bedarfssituation wesentlich dazu beitragen, die Reaktionsschnelligkeit des Unternehmens zu optimieren. Gerade in anhaltenden Transformationsprozessen brauchen Unternehmen den Business-Partner HR, wie ihn namhafte Experten seit Jahren einfordern. So nannte der heutige Personalvorstand der Deutschen Telekom AG, Thomas Sattelberger, bereits im November 2006 in einem Fachbeitrag[8] für die „Personalwirtschaft" vier wesentliche Gründe, weshalb gerade der Unternehmensstandort Deutschland den Business-Partner HR braucht. So sei Deutschland „in seinem drastischen Transformationsprozess der Volkswirtschaft von der Produktions- zur Dienstleistungs- und Wissensgesellschaft" neben Italien das am meisten zurückgebliebene Land Westeuropas und verweist darauf, dass volkswirtschaftliche und damit verbundene betriebswirtschaftliche Transformationsprozesse „voll und ganz auf das System Arbeit fokussieren: Sowohl im Verlust des Alten wie im Gewinnen des Neuen."

Sattelberger sieht die Gestaltung der betrieblichen Reformierungs- und Restrukturierungsprozesse als „ein Schlüsselthema des Personalmanagements in den harten Winden" des globalisierten Wettbewerbs. „Gerade weil Deutschland so kräftigen Nachholbedarf hat, ist der HR-Business-Partner besonders notwendig und gefragt. Wer sonst ist in der Lage, das differenzierte betriebliche System Arbeit durch die schwierigen Klippen zu manövrieren?"

> "If the rate of change on the outside exceeds the rate of change on the inside, the end is near."
>
> *Jack Welch*

1.1 Evolution der Führungskultur in komplexen sozialen Systemen

Betrachtete man zu früheren Zeiten autoritären Führens noch simple Top-Down-Anordnungen als ausreichendes Mittel zur Umsetzung seitens der Führungselite beschlossener Veränderungen, so gilt es für das verantwortliche Management heute, bei Change-Prozessen die eigenen Mitarbeiter mit ins Boot zu holen, zumindest jedoch nicht gegen das Vorhaben aufzubringen.

Gerade während der Implementierung von Veränderungsprozessen potenzieren sich kontraproduktive Auswirkungen von Führungsfehlern. Ohnehin wird die Unternehmensleitung sowohl im Vorfeld als auch während und sogar nach Abschluss eines Veränderungsprozesses nicht umhin kommen, durch ein ebenso konsequentes wie bedachtes Entgegensteuern aufkommende negative Tendenzen innerhalb der Belegschaft zu minimieren. Ob bei Mergers oder Akquisitionen, Turnarounds, Umstrukturierung und / oder der Schließung von Betriebsteilen – das sich regelmäßig öffnende, sogenannte „Fenster der Verwundbarkeit" (Berner) [9] ist die „Achillesferse im Changeprozess". Wird aus unterschiedlichsten Gründen ein Zuviel an kurz- oder mittelfristigem Produktivitätsverlust eingebüßt, verliert ein Unternehmen schnell an Handlungsfähigkeit.

Elastisch in die Zukunft: Häufiger Personalumbau als Herausforderung

Insbesondere bei anstehendem Personalabbau spielt dabei das HR-Management eine entscheidende Rolle. Auch die besten Absichten und Konzepte werden ihre gewünschte Wirkung zu großen Teilen einbüßen, wenn nicht gar verfehlen, sofern diese an der Belegschaft vorbei oder gar als gegen diese gerichtet interpretiert werden. Die große Mehrheit von Menschen reagiert als Gewohnheitstier zunächst einmal ganz instinktiv mit einem mehr oder minder ausgeprägten Abwehrverhalten. Diese Distanz zwischen den beiderseitigen Positionen möglichst weitgehend zu überbrücken, zumindest jedoch nicht zur Konfrontation eskalieren zu lassen, ist wohl eine der (wenn nicht gar die!) elementarsten Aufgaben des HR-Managements bei Personalabbaumaßnahmen. Dabei hängt das Ausmaß der Abwehr grundsätzlich auch von den bisherigen Erfahrungen oder Beobachtungen im Unternehmen bei vergleichbaren Veränderungen ab.

1.2 Divergierende Ausgangspositionen und Interessen bei Personalreduzierungen

Wenn es um das Thema Personalabbau geht, stehen sich Unternehmensleitungen (sowie gegebenenfalls auch deren Gesellschafter/Aktionäre) auf der einen und die eigenen Mitarbeiter bzw. deren Arbeitnehmervertreter in der Regel diametral gegenüber. Erwarten sich erstere durch die Personalreduzierungen vornehmlich Kosteneinsparungen und Effizienzsteigerungen, stehen Belegschaft und Betriebsrat diesen Maßnahmen naturgemäß kritisch bis kämpferisch-ablehnend gegenüber. Dies gilt in massiv verstärktem Ausmaß natürlich erst recht dann, wenn zur Erreichung der Reduzierungsziele Maßnahmen wie das Nutzen der natürlichen Fluktuation durch Nichtbesetzung frei werdender Stellen, Frühverrentung oder Teilzeit nicht ausreichen und betriebsbedingte Freisetzungen notwendig werden.

Personalanpassungen bergen Konfliktpotenzial

Nun bergen betriebsbedingte Personalanpassungen neben damit einhergehenden direkten Kosten, zum Beispiel Rechtskosten bei Kündigungsschutzprozessen oder Abfindungszahlungen, bekanntlich eine ganze Reihe, in der Regel weitaus schwerwiegendere Auswirkungen. Die Praxis zeigt, dass auch mit rein sachbezogenen Trennungsbegründungen, so rational sie auch begründet werden, beispielsweise aufgrund unausweichlicher betriebswirtschaftlicher Voraussetzungen, das Ausmaß der Frustration, Enttäuschung sowie weiterer Reaktionen nicht wesentlich beeinflusst werden. Zu tief sitzen diese Emotionen und begründen eine destruktive Atmosphäre des gegenseitigen Nicht-Verstehens und Nicht-Verstehen-Wollens. Gerade wenn sich die betroffenen Mitarbeiter unfair behandelt oder gar ausgenutzt und übervorteilt fühlen sowie um die berufliche Existenzgrundlage „betrogen“, entwickelt sich nach Aussprache betriebsbedingter Kündigungen potenziell ein Frustrationsstau mit Aggressionen, deren potenzielles Schädigungspotenzial häufig nur noch schwer kontrolliert werden kann.

> „Es ist die Führung, die Unternehmensqualität macht - oder verhindert.“
>
> *Prof. Dr. Gertrud Höhler*

Neben möglicher Schäden für das Unternehmen, die aus einem persönlichen „Rachebedürfnis“ der Betroffenen resultieren können, wie ein durch gezielte üble Nachrede über den ehemaligen Arbeitgeber (noch weiter) getrübtes Betriebsklima, Aufwiegelung verbleibender und / oder mit ausscheidender Kollegen bis hin zu strafrechtlich ernstlich relevanten Sabotageaktionen, stellt insbesondere eine als unfair erlebte Kündigung gelegentlich ein geradezu traumatisches Erlebnis dar. So kommt es bei betroffenen Mitarbeitern regelmäßig zu weitreichenden psychosomatischen Folgen wie erhöhtem Blutdruck, Reizbarkeit und sonstigen Stresssymptomen. Resultiert mit einem Wegfall des Arbeitsplatzes ohnehin regelmäßig auch ein Verlust des Selbstbildes bzw. der Eigenidentität, so kann eine als konfrontativ empfundene Kündigung zu weiteren, gerade auch sozialen Irritationen führen. Ehe-, Partnerschafts- oder sonstige Familienprobleme sind keine Seltenheit. Gerade bei Familien ohne Zweitverdiener sind die Folgen eines Verdienstausfalls des Ernährers verständlicherweise tiefgreifend; objektiv oder auch nur subjektiv als notwendig empfundene Konsumeinschränkungen verstärken die negative Grundstimmung zwischen Betroffenen und Familienangehörigen dann oft sogar noch wechselseitig.

„Flexibilitätsorientierung als zentrale Herausforderung“ - Drei Fragen an *Prof. Gerold Frick*

***Prof. Gerold Frick* ist Geschäftsführer der DGFP / Deutsche Gesellschaft für Personalführung, Düsseldorf**

Herr Professor Frick, in wie weit korreliert Ihrer Ansicht nach eine auf Integrität und Compliance basierende Unternehmenskultur in grundsätzlicher Sicht auch mit einem fairen Umgang mit betriebsbedingt ausscheidenden Mitarbeitern?

Auch eine auf Integrität und Compliance basierende Unternehmenskultur kann betriebsbedingte Kündigungen letztendlich nicht ausschließen. Allerdings muss eine glaubwürdige wertebasierte und mitarbeiterorientierte Unternehmenskultur auch in Trennungsphasen einen fairen Umgang mit den Mitarbeitern implizieren. Beide Partner – Unternehmen und Mitarbeiter – übernehmen ab dem Abschluss eines Arbeitsvertrages gemeinsam Verantwortung für die Erhaltung und Weiterentwicklung der Beschäftigungsfähigkeit und hierzu zählt am Ende auch ein sauberer und fairer Übergang in die nächste Arbeits- oder Lebensphase.

Welche besonderen Herausforderungen sehen Sie angesichts zunehmend volatilerer Märkte mit verkürzten Produktlebenszyklen künftig für das HR-Management, z.B. wenn Personalbeschaffung und ein gleichzeitiger Abbau andernorts notwendig sind?

Die zentrale Herausforderung bei volatilen Umfeldbedingungen liegt in einem flexibilitätsorientiertem Personalmanagement, das gleichzeitig Transparenz und Glaubwürdigkeit schafft. Hierfür ist zunächst eine auf das spezifische Geschäftsmodell zugeschnittene klare Flexibilisierungsstrategie erforderlich. Je nachdem können dann unterschiedliche Flexibilisierungsinstrumente aufgebaut und eingesetzt werden, um sorgsam mit personellen Über- oder Unterkapazitäten umzugehen. Wichtig ist, dass diese Flexibilisierungsinstrumente bei den Mitarbeitern bekannt sind und diese wiederum selbst ihre Beschäftigungsfähigkeit durch Mehrfachqualifikation und Mehrfachkompetenzen verbessern. Flankierend kommt der intensiven und offenen Kommunikationsarbeit eine große Bedeutung zu. Nur durch glaubwürdige Kommunikation sind die Mitarbeiter mental ständig anpassungsfähig zu halten und widersprüchliche Beschäftigungssituationen, wie Kapazitätsaufbau in einem Geschäftsbereich bei gleichzeitigem Kapazitätsabbau in anderen Bereichen, ohne Verunsicherung der Mitarbeiter und Imageschaden für das Unternehmen zu überwinden.

Welchen Beitrag kann ein sozialverträgliches Transfermanagement als personalpolitisches Instrument bei Personalreduzierungen Ihrer Ansicht nach leisten, um negative Auswirkungen auf die Arbeitgebermarke zu vermeiden?

Ein sozialverträgliches und faires Transfermanagement ist unabdingbar für eine positiv belegte Arbeitgebermarke. Es signalisiert: Wir sind als Unternehmen mitverantwortlich für die Beschäftigungssicherung der Mitarbeiter, auch wenn das im Zweifel mit einem Transfer in ein anderes Unternehmen verbunden sein mag. Daher ist es ein Muss für die Personalverantwortlichen, frühzeitig Transferszenarien sowie Maßnahmen- und Kommunikationspläne zu entwickeln, wie in solchen Phasen der Unterbeschäftigung gehandelt werden soll.

Vielen Dank für das Gespräch.

2 Auf den Punkt kommen mit fairer Kommunikation

Von Dr. Peter Höher und Dr. Christian Lüdke

Lösungen finden für den schwierigen Umgang mit Kündigungen und Trennungen

Es kann jeden treffen, niemand sitzt mehr fest im Sattel. Selbst Entlassungen trotz erhöhter Renditeraten sind bekanntermaßen keine Seltenheit mehr, besonders in Krisenzeiten nimmt jedoch der Zwang zu personellen Veränderungen und somit Positionskrisen regelmäßig zu. Wenn in solchen Fällen andere Lösungsmöglichkeiten ausscheiden, bleibt oft nur der Weg der Trennung, ob einvernehmlich oder auf einseitigem Wege. Die Möglichkeit einer latenten Krise ist immer vorhanden.

„In guten Zeiten ist leicht zu führen, selbst durch Schönwetter-Kapitäne. Was aber geschieht, wenn Personalarbeit vor allem Kündigung bedeutet?" (vgl. Molitor 2006, 88ff)[1]

Kündigungsprofis kennen in diesen Zeiten nur ein Mittel: Wenn es so weit ist, dann hilft nur Ehrlichkeit! (vgl. Molitor 2006, 90) Ex-Personalchef Rüdiger Knaup, der in neun Jahren beim Bekleidungshersteller Steilmann 8500 Entlassungen unterschrieben und 75 Sozialpläne zurechtgezimmert hat, sieht für Entlassungen nur ein probates Mittel: „Keine Hoffnung aufkommen lassen", das ist nach Knaups Erfahrung das größte Maß an Fairness, das Sie den Leuten in einem Kündigungsgespräch entgegenbringen können'. Er sagt ihnen, dass Schluss ist. Dass es nicht mehr um das ‚Ob' der Kündigung geht, sondern nur noch um das ‚Wie'. Erst dann seien die Menschen in der Lage, die Situation zu begreifen, sie anzunehmen, ihre Gedanken von dem bisherigen Job zu lösen und sich nach einem neuen umzusehen." Und noch ein Mittel gehört dazu, so Knaup. Er setzt auf menschliche Stärke, einem Menschen ins Gesicht zu sagen, und zwar mitten ins Gesicht, dass man ihn nicht mehr will oder nicht mehr braucht, Stärke und auch Härte. Das sei besser als zu lavieren, nach dem Motto: „Wir können ja noch mal überlegen", oder „Vielleicht ergibt sich da noch was." Und das, obwohl schon lange feststeht, das sich nichts ergeben wird. Es hat Ähnlichkeiten wie bei den Angehörigen eines Unfallopfers, denen der Arzt vor der Intensivstation irgendetwas von einer „negativen Prognose" berichtet, obwohl der Patient bereits hirntot ist. „Das ist kein Krankenbesuch, das ist ein Trauerfall" so Knaup (a.a.O., 90). Herkömmliche, zum Teil brutale und unfaire Praktiken, sich von unerwünscht gewordenen Führungskräften und Mitarbeitenden zu trennen, passen immer weniger in eine Unternehmenskultur, die auch gesellschaftlicher Verantwortung zustimmt. Oft werden noch vor allem folgende Freisetzungsstrategien angewandt (vgl. Lingenfelder / Walz 1988a, zit. nach Seiwert 1989, 12):

- Kündigung durch das Unternehmen („Rausschmiss")
- Versetzung auf unbedeutende Positionen („Frühstücksdirektor")
- Verlagerung von Entscheidungskompetenzen („Kaltstellen")
- Provokation der mitarbeiterseitigen Kündigung („Hinausekeln")
- Einvernehmliche Beendigung des Arbeitsverhältnisses (Aufhebungsvertrag)

Die sozialen Aspekte bei Trennungsgesprächen wurden zuerst im angloamerikanischen Raum erkannt und unmittelbar in einfache, pragmatische Problemlösungen umgesetzt. Nachfolgend reflektieren wir einige Regeln eines fairen Kündigens in einer „Trennungskultur" von Unternehmen.

Diem perdidi. Ich habe den Tag verloren

Diem perdidi ist ein angeblicher Ausspruch des römischen Kaisers Flavius Titus (39-81 n. Chr.), als er einmal an einem Tag nichts Gutes getan hatte. Ähnlich könnte John Mayer (Name und Fall anonymisiert) empfunden haben. Der verlorene Tag wird John Mayer lange in Erinnerung bleiben. Mayer arbeitete als Head of Human Resources (Personaldirektor) bei einem internationalen Automotive-Unternehmen. Er selbst hatte als Human Resources Manager / Personalentwickler in stabilen wirtschaftlichen Zeiten angeheuert, mit dem Ziel, Menschen einzustellen und zu entwickeln. Die New Economy hatte einst jeden Börsengang zu einem Goldrausch werden lassen. Für den Börsengang hatte das deutsche Traditionsunternehmen mit einem englischen Unternehmen fusioniert, doch der Traum vom Börsengang platzte. Als dann die Investitionsmittel fehlten, um weitere Entwicklungen im Bereich F & E zu finanzieren, standen die ersten Entlassungen an. Der Vorstandsvorsitzende und der Stellvertreter wollten das Thema nicht in Person anfassen. Mayer sollte nun innerhalb kurzer Zeit die Hälfte des Top-Managements abbauen, dann ein Drittel der Mitarbeiter an verschiedenen Standorten. Er kannte viele Mitarbeiter persönlich, mit den dahinter liegenden Familiengeschichten.

Doch Trennungsgespräche zu führen gehörte nicht zu seinen Routineaufgaben, ihm fehlte schlicht die Übung darin. Der 52jährige Familienvater mit zwei Kindern, der jetzt auf dem Stuhl vor ihm saß, war der erste Kündigungsfall an diesem Morgen. Der Personalchef entschied sich für die harte Nummer beim ersten Gespräch und rief den Mitarbeiter zum Gespräch. Er kam nach einem leichten Small Talk zur Sache: „Ich habe schlechte Nachrichten für Sie; tut mir wirklich leid. Sie sind entlassen.", erklärte Mayer. Der vor ihm sitzende Mann war kreidebleich, schaute fassungslos zu Boden und stammelte nur noch: „Warum ich?" Die Antwort Mayers: „Warum Sie nicht?", hörte der Mann kaum noch und auch nicht die nachfolgenden Worte des Personalchefs. Er war geschockt. Mayer schob nach: „Nehmen Sie es nicht so schwer; es wird schon wieder. Es kommen irgendwann bessere Zeiten. Sie hören von uns." Mit den Worten komplimentierte er den Mann aus seinem Geschäftszimmer. Das war sicherlich eines der schlechten Kündigungsgespräche, wie sie nicht stattfinden sollten, ein Verstecken hinter Schutzbehauptungen, ein Ausweichen gegenüber sachlichen Begründungen, ein Wegdrücken emotionaler Aspekte. Zu Schutzbehauptungen greifen Vorgesetzte, wenn sie von einem Auseinanderdriften von Mitarbeiter- und dynamischem Anforderungsprofil wie von einem naturwüchsigen Prozess sprechen. Eine wichtige Führungsaufgabe liegt darin, frühzeitig diese Entwicklungen durch eine entwicklungs- bzw. coachingbasierte Mitarbeiterführung zu erkennen und lösungsorientiert anzugehen. Hier gibt es zahlreiche Handlungsalternativen wie professionell durchgeführtes Outplacement. Doch bleibt zu beachten, dass es sich in vielen Fällen um ein lange zurückliegendes arbeitgeberseitiges Versäumnis handelt – ein Personalmanagementfehler also (vgl. Schulz et al. 1989)[2].

Jede Trennung bedeutet einen Konflikt (vgl. Seiwert 1989, 27, Höher/Höher 2004)[3]

Jede Kündigung ist für den betroffenen Mitarbeitenden ein konkretes Konflikterlebnis, verbunden mit einer Diskrepanz zwischen individuellen Erwartungen und erlebter Realität. Je positiver die Entwicklung des Mitarbeitenden und des Unternehmens war, desto höher auch seine Erwartungshaltung – umso größer die Konfliktgefahr. Die Erfahrung, seinen eigenen Arbeitsplatz zu verlieren, zählt oft zu den schmerzlichsten Erlebnissen im Berufsleben. Das Selbstwertgefühl ist destabilisiert, Unsicherheit und Zukunftsangst wirken sich auf das Befinden und Verhalten aus und können zur Änderung von Lebensentwürfen beitragen. Psychologisch betrachtet kann sich die Gefühlswelt zwischen den Polen einer depressiven, resignativen Grunddisposition oder auch in einem aggressiveren Verhalten („gereizt sein“) bewegen. Das Denken der Betroffenen wird bisweilen von Fragen blockiert, auf die der oder die Betroffene keine Antworten findet, z.B.:

- Was habe ich falsch gemacht?
- Warum genüge ich den Anforderungen nicht mehr?
- Was kann ich überhaupt noch richtig machen?
- Wie soll mein Leben denn weitergehen?

Was könnten die Folgen sein?

Die Reaktion der betroffenen Führungskraft, welche die Trennung ausspricht, oder die Reaktion auf der Mitarbeitenden-Seite können auf emotionaler Ebene unterschiedlich sein: Angst, Wut, Niedergeschlagenheit, Zorn, Enttäuschung, – oder nach außen hin beherrscht und scheinbar kühl. Interessengegensätze und Konflikte bei unfreiwilligen Trennungsprozessen sind vielfach vorprogrammiert, denn hier treffen die Interessengegensätze beider Parteien unmittelbar aufeinander. Die konfliktpsychologischen Aspekte von Trennungsprozessen wurden von Fritz (1982)[4] basierend auf Corell (1978)[5] eingehend behandelt. Das Idealbild wäre eine partnerschaftliche Trennungslösung. Doch wie sieht die Praxis aus? Es ist leicht nachvollziehbar, dass derjenige, der den Entschluss zur Trennung fasst, in einer zunächst besseren Position ist, als derjenige, der von dem Trennungsziel überrascht wird. Er hat Zeit, sich die Argumentation und den Prozess der Trennung zu überlegen und zu gestalten, was eine größere Sicherheit geben mag. In der Praxis ist es mit rein „sachbezogenen Trennungen“, die rational begründet werden, oft nicht weit her. Emotionen kommen ins Spiel, die eine Atmosphäre des gegenseitigen Nicht-Verstehens begünstigen und ein klares Aussprechen der Trennung vernebeln. Trennungen sind zugleich immer das Eingestehen eines Scheiterns (vgl. Schulz 1989, 128f.)[6], denn ein im Rahmen eines psychologischen Vertrages in der Regel auf Langfristbeziehung angelegtes Beschäftigungsverhältnis trägt plötzlich nicht mehr. Erwartungen wurden von mindestens einer der Seiten – oft von beiden – geweckt und nicht eingelöst. Zu einer fairen Trennungskultur gehört es, sich die emotionale Seite der Trennung vor Augen zu halten, damit sie nicht überhandnimmt und sachliche Gründe überdeckt.

Wenn Frustration längere Zeit anhält, verändert diese das Betriebsklima. Zwanghafte Handlungen (neurotische Erscheinungen), Gereiztheit, Humorlosigkeit, Zweifel an den eigenen Fähigkeiten usw. können die Folge sein. Ein Kündigungskonflikt kann zu empfindlichen sozialen Irritationen führen. Ehe-, Partnerschafts- und Familienprobleme können verstärkt auftreten. Lösung und Erleichterung kann hier z.B. das Vorgehen darstellen, in die Nachbetreuung den Partner/in oder die Familie in die Beratung in der Nachtrennungsphase mit einzubeziehen und die sachlichen Gründe, die zur Trennung führten, lösungsorientiert zu behandeln, z.B. in Form eines Outplacement-Coachings oder systemischen Konflikt-Coachings. Eine Entlassung kann neben körperlichen Symptomen auch seelische Verletzungen, ein Psychotrauma, verursachen (Trauma, griechisch = Wunde). Nicht die Entlassung allein als traumatisches Ereignis bewirkt die Verletzung, sondern das traumatische Ereignis (extern) und der dadurch ausgelöste psychische Prozess (intern). Wie reagieren die Familie, die Freunde, das soziale Umfeld? Ein psychisches Trauma ist somit auch nicht etwas, das mit dem traumatischen Ereignis an sich (der Entlassung) beendet ist, sondern ein prozesshafter Vorgang, der sich über das traumatische Ereignis hinaus erstreckt.

2.1 Der Verlauf psychischer Traumatisierung

Der Verlauf psychischer Traumatisierung beinhaltet drei Phasen:

1. *Traumatische Situation*: Das traumatische Ereignis selbst und die Zeit kurz danach (Schockphase). Die prinzipielle Unmöglichkeit, eine traumatische Situation im Moment des Geschehens adäquat zu verarbeiten, bedingt die Notwendigkeit einer nachfolgenden Verarbeitung.

2. *Posttraumatische Reaktion*: In der Phase der traumatischen Reaktion versucht das Individuum, sich nach dem Abklingen des Schocks der traumatischen Erfahrung zu stellen und beginnt, sie zu verarbeiten (Einwirkungsphase). Am Ende der Phase der traumatischen Reaktion steht entweder die gelingende Verarbeitung mit Übergang in die Erholungsphase oder die misslingende Verarbeitung mit Übergang in einen chronifizierten traumatischen Prozess.

3. *Posttraumatischer Prozess bzw. Erholung*: Bei Erholung gelingt es dem Individuum nach und nach, die gemachte traumatische Erfahrung zu bewältigen und zu integrieren. Chronifizierung liegt dann vor, wenn nach einer angemessenen Verarbeitungszeit es dem Individuum nicht gelungen ist, die gemachten Erfahrungen zu bewältigen und in den eigenen Erfahrungskontext zu integrieren. Chronifizierungen können zu einem Vollbild eines chronischen psychotraumatischen Belastungssyndroms oder zu einer psychotraumatischen Belastungsstörung führen.

Nicht jedes Traumaopfer entwickelt eine psychotraumatische Belastungsstörung: Nach psychotraumatologischen Erkenntnissen können Personen, die belastenden Ereignissen von mittlerem bis hohem Schweregrad ausgesetzt waren, in folgende drei Traumaopfergruppen unterteilt werden:

- „Selbsterholungsgruppe“: Die Gruppe von Traumaopfern, die mit dem natürlichen Verlauf des Traumaverarbeitungsprozesses mit eigenen Ressourcen und Potenzialen und mit der Zeit das Trauma ohne bleibende Beeinträchtigungen verarbeiten.

- „Wechslergruppe“: Die Gruppe von Traumatisierten, die das Trauma wie die „Selbsterholer“ im natürlichen Verarbeitungsprozess bewältigen, wenn keine weiteren „Störfaktoren“ (z. B. negative Konsequenzen durch den Arbeitgeber, familiäre/soziale Belastungen, Retraumatisierungen etc.) postexpositorisch hinzukommen. Kommen solche Störfaktoren im Laufe des Verarbeitungsprozesses hinzu, „kippt“ diese Gruppe zu der Risikogruppe hin.

- „Risikogruppe“: Die Gruppe von Betroffenen, die durch das Trauma ein hohes Risiko einer chronifizierten psychotraumatischen Belastungsstörung hat. (Ob ein Betroffener ein hohes psychotraumatisches Belastungsstörungs-Risiko hat oder nicht, hängt von vielen verschiedenen Risikofaktoren ab und nicht von einer „schwachen“ Persönlichkeit!).

Wichtig für eine langfristig positive Verarbeitung einer Entlassung sind eine rechtzeitige, umfassende Aufklärung und Information (Psychoedukation) auch der Angehörigen. Weiterhin ist es wichtig, das grundlegende Sicherheitsgefühl der Betroffenen wieder herzustellen, sie zu stabilisieren und sie aktiv in die Perspektivenentwicklung einzubeziehen. Besonders wichtig sind jedoch Wertschätzung den Betroffenen gegenüber und die Anwesenheit stabiler Persönlichkeiten, die stellvertretend Hoffnung und Zuversicht vermitteln.

2.2 Was kann das Unternehmen tun?

Outplacement ist ein Gewinner-Gewinner-Konzept und kann z.B. die Grundbedingungen für eine „positive Trennungskultur“ schaffen. Es wird für alle Beteiligten vor allem dann erfolgreich ablaufen können, wenn:

- Die betroffenen Mitarbeiter bereit sind, sich auf ihre neue Situation positiv einzustellen, dazuzulernen und sich zu verändern
- Das kündigende Unternehmen nicht sein Gewissen durch Geld zu beruhigen sucht, sondern voll und ganz hinter dem Outplacement steht
- Alle Beteiligten mit dem Berater offen und kooperativ zusammenarbeiten und pauschale Annahmen über diese Art der Personalfreisetzung zurückstellen

Die angebotenen Maßnahmen können u.a. den Betroffenen eine Hilfe geben bei psychischer Aufrüstung und „mind fitness“ des Freizusetzenden, Beratung bei der Stellensuche und Bewerbung, Vertragsauflösung und Abfindungsbemessung, aktiver Stellensuche und Ansprache von Unternehmen.

Das Kündigungsgespräch als Critical Issue

Der ökonomische Schaden gerade durch schlecht geführte Kündigungsgespräche ist beträchtlich und gefährlich, da er wie ein Eisberg zu mindestens zwei Dritteln unter der Wasseroberfläche auftritt, im „Fettnäpfchenbereich", gekoppelt mit Fluktuation, innerer Kündigung, Gerüchten, Krankheiten, Fehlzeiten, Image-Schaden, Loyalitätsbruch usw. Unprofessionell geführte Trennungsgespräche wirken sich destruktiv aus, so lautet auch das Fazit einer Studie mit dem Namen „Change Management" von Capgemini aus dem Jahr 2006. Dazu liefert die Unternehmensberatung eine nackte Zahl: 21 Prozent. So viel beträgt der durchschnittliche Produktivitätsrückgang, wenn Veränderungsprozesse, etwa ein Personalabbau, unprofessionell abgewickelt werden. Im Klartext heißt das: „Jeder fünfte Mitarbeiter wird damit rein rechnerisch zum Totalausfall." (Molitor 2006, S.94)

Was kann die Führungskraft tun?

Führungskräfte können sich auf die Fettnäpfchen von Fehlern bei Kündigungsgesprächen vorbereiten, z.B. im Coaching oder in einem Workshop, indem sie z.B. die zentralen Themen als Auslöser der Kündigungen berücksichtigen. Zwischenmenschliche Spannungen stellen dabei einen wichtigen Faktor für die Entstehung von so genannten „Positionskrisen" dar, ebenso wie z.B.:

- Überqualifizierung
- Beförderung der Führungskraft über die Leistungsgrenze hinaus
- Alter, Krankheit und Familienprobleme

Als Ursachen für zwischenmenschliche Spannungen kommen in Betracht (vgl. Seiwert 1989, 22)[7]:

- Schwacher, unbeständiger oder unqualifizierter Vorgesetzter
- Spannungen zwischen Stelleninhaber und Vorgesetztem
- Fehlende Qualifikation der unterstellten Mitarbeiter
- Macht- und Positionskämpfe auf der Führungsetage
- Auseinandersetzungen wegen eines zu harten Führungsstils

Führungsverantwortliche, die Entlassungen aussprechen, können sich dadurch psychisch stabilisieren, indem sie den Sinn der Maßnahme selbst verarbeitet haben (z.B. mit einem Business Coach) und auch authentisch und klar einem Gegenüber vermitteln können. „(...) solange er sich noch sagen konnte, ‚ich muss jeden Zweiten nach Hause schicken damit ich die anderen Arbeitsplätze retten kann', war die Sache in Ordnung, erledigte er seinen Job mit Gewissenhaftigkeit und voller Überzeugung. ‚Aber wenn Sie nicht mehr überzeugt sind, dass Ihr Tun Sinn macht, kriegen Sie das nicht mehr übereinander. Dann geht das irgendwann nicht mehr'." (Molitor 2006, 91) Die meisten Führungskräfte können keine vernünftigen Trennungsgespräche führen, weil sie es nicht gelernt haben, das ist unsere Hypothese. Sie leiden oftmals selbst unter den Trennungsgesprächen, die sie führen müssen, werden vom Top-Management in albtraumhafte Entlassungsgespräche (vgl. Molitor

2006, 92) gejagt, sind unvorbereitet, fehlinformiert, ohne definierten Verhandlungsspielraum. Dass diese oft in den Situationen einknicken und dem Druck schlecht standhalten, ist erst seit kurzer Zeit in das Blickfeld von Arbeitspsychologen geraten. Traditionell heißt es: Eine Führungskraft muss das können, dafür wird sie schließlich bezahlt!

Das Scheitern, das oft mit Desillusionierung und Loyalitätskonflikten bei den Führungskräften einhergeht, ist nicht vorgesehen im Programmplan der Unternehmen, geschweige dass die psychischen Konflikte angegangen werden. Damit es nicht zur Demontage von Menschen wird, ist insbesondere zu beachten, dass man nicht selbst unter Druck steht oder gerät durch das Kündigungsvorhaben.

Unser Tipp

Kündigungsgespräche in Rollensimulationen durch Coachings üben und reflektieren, und nicht unbedingt an die „Profis“ von der Personalabteilung abgeben. Führungskräfte müssen selbst zum Coach der Mitarbeiter und „Erstem Personalmanager im Unternehmen“ werden, Personalstellen gehen perspektivisch in die Rollen von Business Partners (strategisch) und Service Partners (operativ), machen die Führungskräfte in der Jobfitness stark und unterstützen die Prozesse. Führungskräfte, die Entlassungen aussprechen, sollten sich auch mit ihrer eigenen Rolle und ihren eigenen Emotionen auseinandersetzen, z.B. ob sie sich als Rausschmeißer oder „Vollstrecker“ verstehen oder als Unterstützung der gekündigten Mitarbeiter, als Makler zu einem neuen Arbeitsmarkt hin, bei entsprechender Budgetlage mit Outplacement-Unterstützung. Letztlich dient es ihrer eigenen Psychohygiene. Einige Tipps zur Durchführung von Trennungsgesprächen:

- Führen Sie als Vorgesetzter – wenn möglich – die Kündigungsgespräche selbst, auch wenn es schwer fällt
- Gut vorbereiten, auf Reaktionen des Gegenübers gefasst machen
- Rahmenbedingungen für Trennungsgespräche menschlich gestalten (Zeitpunkt, Dauer, Ort usw.)
- Stellen Sie sicher, dass während des Gespräches keine Störungen von außen auftreten
- Sachlich bleiben, prägnant und zielorientiert sprechen, den Anlass beim Namen nennen, ohne Small Talk
- Bei emotionalen Reaktionen (Schock, Weinen, Aggressivität usw.) sollten Sie dies akzeptieren und warten, bis sich Ihr Gegenüber wieder gefasst hat; geschieht dies nicht, bieten Sie Ihrem Gegenüber einen weiteren Termin an, in dem die Trennungsmodalitäten geregelt werden
- Das Ergebnis am Ende des Gespräches nicht dadurch zurücknehmen, dass Sie das Ergebnis wieder verwässern durch ein „Ist schon schlimm, wird aber wieder...“
- Gründe, die zur Trennung führten, transparent darstellen und nachvollziehbar gestalten, notfalls in einem zweiten Gespräch, da das erste Gespräch ein „Schockerlebnis“ darstellt

- Die Trennung soll auch emotional als prinzipiell zu bewältigen dargestellt werden („In der Krise liegt die Chance zu einem Neuanfang...“), um unerwünschte Reaktionen lösungsorientiert anzugehen
- Beratende Begleitung und Outplacement-Unterstützung bis zum Ausscheiden des Mitarbeiters anbieten
- Daran denken, das Umfeld des Gekündigten mit einzubeziehen, insbesondere bei den Reaktionen der Zurückgebliebenen bei betriebsbedingten Kündigungen (Motivation und Vertrauen wieder aufbauen)

2.3 Welche Rolle spielt die Unternehmenskultur?

Wie sieht eine „Trennungskultur“ in Unternehmen aus, die fair gestaltet ist? Voran sollte hier das Credo stehen, dass eine Kündigung und die Achtung vor dem Menschen kein Antagonismus sein müssen bzw. sein sollten. Trennungskultur sollte ein betriebswirtschaftliches Gebot sein und kein reiner Selbstzweck, keine Verbeugung vor denen, die freigesetzt werden. Denn nicht nur die „Rausgeworfenen“ sind geschockt und demotiviert, auch die Verschonten leiden unter den Folgen von Entlassungen; sie leisten weniger, emigrieren in die innere Kündigung, werden krank oder aber verlassen das Unternehmen.

In der heutigen globalisierten Arbeitswelt bringen permanente Veränderungsprozesse Destabilisierungen von Menschen und organisationalen Strukturen mit sich. Veränderungen von Unternehmen gehen in vielen Fällen mit Personalabbau in Restrukturierungs- oder Merger-Prozessen einher. Jede Kündigung führt in der Organisationseinheit durch das Ausscheiden des Mitarbeiters/in und den Akt der Kündigung als Personalmaßnahme zu einer Destabilisierung. Systemisch arbeitende Manager wissen um die Wirkungszusammenhänge und Rückbezüglichkeiten in der Prozesskette und den Schnittstellen der Organisationseinheit. Man könnte meinen, dass Mitarbeitende durch häufige Veränderungsprozesse den Wandel als regulären Bestandteil der Arbeitswirklichkeit begreifen und routiniert mit dem Wandel umgehen.

Führungsverantwortliche sind heute vermehrt dazu angehalten, veränderungswillige Unternehmen aufzubauen, in denen die Mitarbeitenden eine positive Einstellung gegenüber Veränderungsprozessen – gleich ob auf der personalen, strukturellen oder prozessorientierten Ebene – haben. Aktuelle Untersuchungsergebnisse zu Change-Prozessen (vgl. Höher 2007; Klaffke 2005)[8] lassen jedoch darauf schließen, dass Wunsch und Wirklichkeit weit auseinanderklaffen. In der Mehrzahl der Fälle hatten Veränderungsereignisse in der Vergangenheit einen negativen Einfluss auf die Arbeitsatmosphäre. Zudem waren vergangene Veränderungsinitiativen auch für künftigen Unternehmenswandel blockierend. Die genannten Gründe für die Verschlechterung des Arbeitsklimas und individuell wahrgenommene Nachteile waren ähnlich:

- Überhöhte Arbeitsbelastung
- Widersprüche zwischen aufeinanderfolgenden Veränderungsvorhaben und Arbeitsplatzunsicherheit

2.4 Wie lässt sich ein veränderungsbereites Klima aufbauen?

Welche Bedeutung neben den harten Faktoren die soft facts in der Führung haben, zeigen zahlreiche Studien auf (vgl. Seiwert 1989, 11)[9]. Einige dieser weichen Faktoren für eine erfolgreich geführte Unternehmung sind:

- Offene und frühzeitige Kommunikation
- Gemeinsame Werte, an die alle Beteiligten glauben
- Führungsstil und Führungsverhalten
- Fähigkeiten der Mitarbeiter

Nach unseren Beobachtungen als Unternehmensberater finden wir in der Mehrzahl der Unternehmen eine Misstrauenskultur statt einer Vertrauenskultur vor. Die Misstrauenskultur ist u.a. gekennzeichnet durch indirekte Kommunikation, Gespräche hinter dem Rücken der Beteiligten, fehlende Strategien für Konfliktlösungen, einem Mangel an Sinn-Vermittlung und einem fehlenden „Big Picture“ als Zielbild einer Veränderung. Führungsmitglieder agieren überwiegend distanziert, ein „talk the walk“ mit einer Einbindung der Mitarbeitenden in die Veränderungsvorhaben fehlt. Vor allem klare Richtungsvorgabe, die Mitarbeiter hätte motivieren und deren Bereitschaft hätte stärken können, sich durch Probleme durchzukämpfen, die Kündigungen bzw. Veränderungen mit sich bringen, fehlte. Die Kultur des „Totschweigens“ durch distanzierte obere Führungskräfte bildete den idealen Nährboden für Gerüchte und das Vergiften der Arbeitsatmosphäre. Zynismus greift um sich, der nach einer Studie von Reichers et al. (1997)[10] erneut negativen Einfluss auf Engagement, Zufriedenheit und Motivation von Mitarbeitern hatte. Bei schnellen und häufigen Wechseln und Veränderungen im Umfeld der Beschäftigten besteht die Gefahr eines „repetetiven Veränderungssyndroms“ (Abrahamson 2004)[11]. Ein Symptom sind z.B. Burnout-Erscheinungen mit Mitarbeitenden, die sich in Zynismus äußern können. Dabei greifen Mitarbeiter sogar auf subtile Weise zu Sabotagen bei künftigen Vorhaben, indem sie vorgeben, die aus der Kündigung bzw. Veränderung resultierenden Konsequenzen umzusetzen; dabei betreiben sie aber weiterhin „business as usual“.

Das Team um Klaffke (a.a.O., 59) konstatierte, dass der Aspekt der regelmäßigen und proaktiven Kommunikation den größten Hebelwirkungseffekt in Veränderungsvorhaben darstellte und zwar in Form von Zweiergesprächen, Teamkommunikation usw. Die Nachfrage nach dem Kommunikationsverhalten bei unerfreulichen Themen (z.B. Personalabbau oder Budgetverluste) ergab, dass dieses ein Bereich zu sein scheint, mit dem Unternehmen Schwierigkeiten haben. Die Hälfte der in der Studie Befragten war der Ansicht, dass unerfreuliche Themen zu spät und nicht umfassend genug kommuniziert wurden. Die Befragten gaben an, dass nicht alle unangenehmen Themen zu Beginn einer Veränderung erkennbar waren. Waren die unerwarteten oder unvorbereiteten Probleme erst einmal aufgetreten, so war es unter Umständen bereits zu spät, um angemessen darauf zu reagieren. Es könnte aber auch sein, dass Führungskräfte aus dem oberen Management (in dem o.g. Fallbeispiel) weder das Kommunikationsgeschick noch den Mut hatten, unerfreuliche Themen anzusprechen.

Dr. Peter Höher

Der Diplom-Pädagoge und Senior Coach DBVC war Personaldirektor der Madge Group / MT Technologies AG und Mitglied der Geschäftsleitung bei Kienbaum Management Consultants und ist heute Geschäftsführer der HOEHER – Holistic Management GmbH (www.hoeher-team.de).

Dr. Christan Lüdke

Der approbierte Kinder- und Jugendpsychotherapeut ist seit Jahren ein gefragter TV-Experte und Interviewpartner von Fernsehsendern und Presse. Christian Lüdke lehrte an der Universität zu Köln Psychologie und Psychotherapie und bildete Spezialeinheiten der Polizei NRW psychologisch aus; heute leitet er als Geschäftsführer die TERAPON Consulting GmbH – Gesundheitsmanagement (www.terapon.de)

Mit freundlicher Genehmigung der Bertelsmann Stiftung, Gütersloh.

„Auf den richtigen Partner achten“ - Drei Fragen an *Dr. Wolfgang Runge*

***Dr. Wolfgang Runge* ist Mitglied der Geschäftsleitung und HR Director bei Avaya Deutschland sowie stellvertretender Vorsitzender der Selbst GmbH**

Herr Dr. Runge, als ein in der schnelllebigen ITK-Branche beheimateter Personalmanager haben Sie bereits zahlreiche Umstrukturierungen einschließlich damit einhergehendem Personalabbau mitgestalten müssen. Welche Erfahrung möchten Sie an HR-Kollegen aus bislang ruhigeren Fahrwassern weitergeben, angesichts der zu erwartenden zunehmenden Schwankungen auf den globalen Märkten?

Es scheint derzeit alles in Bewegung zu sein und es gibt viele unbeantwortete Fragen. Wieviel Veränderung verträgt der Mensch? Wie gehen wir mit den drängenden Fragen der Gesellschaft zu den Themen Klima, Wirtschaft und Energie um? Welche Auswirkungen hat die Arbeitsverdichtung? Was macht die Virtualisierung der Arbeit mit den Beschäftigten? Das Management hat nicht immer alle Antworten parat und deshalb kommt es für mich darauf an, in einer Firma eine Kultur der Offenheit zu erzeugen, in der auch die kritischen Themen zur Sprache kommen dürfen. Das ist für mich eine Kernbotschaft. Lassen Sie mich ein Beispiel geben. Ich kann heute als Arbeitgeber mit meinen Mitarbeitern nur noch einen Pakt auf Zeit schließen. Ich kann auch die Verantwortung nicht übernehmen, einen Arbeitsplatz bis zur Erreichung des Rentenalters zu garantieren. Die ITK Branche spielt dabei eine besondere Rolle. Hier findet der technische Wandel in atemberaubender Geschwindigkeit statt. Technische Entwicklung und Entwicklung der MA gehen dabei Hand in Hand. Das Thema Selfbranding, Employability, um die sich die Selbst GmbH gegründet hat, spielen hier durch den permanenten Wandel eine noch wichtigere Rolle als in einem Fertigungsunternehmen. Glauben Sie mir, ich weiß auch aufgrund meiner Rolle als Arbeitsdirektor bei Avaya, was es bedeutet, ein Unternehmen von einem Telefonanlagenfertiger zu einem Kommunikations- und Business Collaboration Unternehmen in der IT Welt zu entwickeln. Klare Worte und Offenheit sind in diesem Prozess und im Umgang mit den unbeantworteten Fragen für mich der Schlüssel.

Alleine in Ihrer Zeit bei Motorola mussten Sie nahezu 2.000 Mitarbeiter betriebsbedingt entlassen. Dennoch begrüßen Sie die meisten ex-Mitarbeiter noch immer freundlich, wenn Sie durch Flensburg gehen. Wie passt das zusammen?

Das Unternehmen Motorola hat die dänische Firma Storno in Flensburg von General Electric 1986 aufgrund der Patente und des Know-Hows im Mobiltelephonebereich gekauft. Aus diesem Grund gab es im hohen Norden diesen Standort. Die Unternehmenskultur war dänisch und amerikanisch geprägt. Alle Mitarbeiter waren auf Du, ohne dass es negative Auswirkungen auf die Durchsetzungsfähigkeit von Vorgesetzten hatte. Flache Hierarchien. Leute aus der Region. Offene Bürotüren. Keine Krawatten, außer für Besuch. Betriebskindergarten, 24/7 Schichtmodell. .....Es gibt niemanden, der heute ohne Wehmut an diese Zeit denkt. Aber auf der anderen Seite stehen ein Hoch- und Runterfahren einer Belegschaft von 350 auf 3500 und schließlich auf null innerhalb von 21 Jahren. An diesem Fertigungsstandort lassen sich alle Trends der Handybranche festmachen. Technische Revolution, Volatilität, Auslagerung der Massenfertigung nach China, Auslagerung des Distribution Services innerhalb Deutschlands. Wir haben dabei zunehmend in einem Wettbewerb zunächst mit den europäischen und dann mit den internationalen Standorten gestanden. In diesem Wettbewerb haben wir uns 10 Jahre tapfer und erfolgreich geschlagen. Wir haben unsere Kennzahlensysteme transparent gemacht und sie mit unseren Mitarbeitern wöchentlich diskutiert. Mit unseren Betriebsräten haben wir im Rahmen der Mitbestimmung die Kapazitätsplanungen und den Einsatz von Studenten und Leiharbeitnehmern koordiniert. Wir haben ein System aus Betriebsvereinbarungen geschaffen, um größtmögliche Flexibilität sicherzustellen. Die Kennzahlen transparent zu machen, ist an einem Fertigungsstandort einfacher zu erreichen als bei meinem jetzigen Arbeitgeber. Hier beeinflussen Produkte, Beratung und Veränderungen und Einflüsse des Marktes die Kennzahlen und stellen damit eine viel größere Herausforderung, weil mehr betriebswirtschaftliches Know How erforderlich ist als an einem Fertigungsstandort.

Trotzdem bemühen wir uns um Transparenz. Rückblickend auf die Motorola-Zeit, wissen die ehemaligen Mitarbeiter heute alle, was diese Zeit, dieser Arbeitgeber, unsere Kultur und unsere Gemeinschaft uns bedeutet hat. Dabei spielt einerseits die Sentimentalität beim Blick in die Vergangenheit eine Rolle, andererseits sind die Mitarbeiter in Lohn und Brot und haben damit den direkten Vergleich von Unternehmenskulturen, Bezahlung, Einrichtungen….. Das Netzwerk hält bis heute. Ein Gang durch die Stadt, ohne einen ehemaligen Kollegen zu treffen, ist unmöglich. Bei fast jedem bleibt man stehen, bei einigen gibt man Referenzen ab oder bietet Hilfe bei der Vermittlung an. Ich habe mich bei meinem jetzigen Arbeitgeber auf den Weg gemacht, die Unternehmenskultur soweit wie möglich in diese Richtung zu entwickeln, die ich kennen und schätzen gelernt habe.

Welchen Nutzen haben Sie sich für Ihr Unternehmen von den Transfermaßnahmen für Ihre betriebsbedingt ausscheidenden Mitarbeiter versprochen und in wieweit wurden diese Erwartungen erfüllt?

Es war zum Zeitpunkt der Schließung allen klar, dass wir hier gegenüber der Belegschaft eine Pflicht und eine Verantwortung haben. Es war kein Thema, dass eine Transfergesellschaft nötig war, weil sich viele MA aus anderen Berufen in die „Motorolawelt“ entwickelt haben. Viele Karrieren innerhalb der Firma bedeuteten einen Bruch gegenüber dem Weg, den ein Mitarbeiter mit seinem Lehrberuf eingeschlagen hat. Es war klar, dass durch eine Transferagentur und eine Transfergesellschaft die notwendige Beratung erfolgt. Diese Neuorientierung war notwendig. Wir hatten zusätzlich einen hohen Beratungsaufwand, weil der Arbeitsmarkt in Dänemark hungrig auf Arbeitskräfte war und die Mitarbeiter ihre rechtliche Position als Grenzgänger definieren mussten. Die Zusammenarbeit mit unserer Transfergesellschaft war intensiv und kooperativ. Die Vermittlungsquoten lagen bei 75% in einer Region, die nicht für ihre wirtschaftliche Potenz bekannt ist, sondern eher als Ferienland mit guter Luft in Deutschland wahrgenommen wird. Wir haben alle wirtschaftlichen Verbindungen der Firma entweder direkt oder über die Transfergesellschaft für unsere

Mitarbeiter genutzt. Die Schließung ist mit einer Handvoll Arbeitsgerichtsklagen abgewickelt worden. Das ist für mich ein Zeichen für die enge Zusammenarbeit zwischen Betriebsrat und Werkführung. Was sich anhört wie ein Märchen aus „tausend und einer Nacht", stellt keine Selbstverständlichkeit dar. Es ist ein hoher Grad an Verantwortungsgefühl und Sorge für den Kollegen notwendig, ohne ihm die Verantwortung abzunehmen. Die Transfergesellschaft war notwendig, um die Mitarbeiter beim Neustart in ein anderes Leben zu unterstützen.

Die Botschaften hier sind: Achten Sie auf den richtigen Partner. Nehmen Sie die Verantwortung auch für die, die das Unternehmen verlassen oder verlassen müssen. Kümmern Sie sich, ohne die Verantwortung zu übernehmen. Alle diese Erfahrungen sind mir bei meinem derzeitigen Arbeitgeber von Nutzen.

Vielen Dank für das Gespräch.

3 Win-win - Das Phänomen Outplacement

Von Christian M. Böhnke

> "...termination should end the job and not the man."
>
> *Bill Morin*

3.1 Betriebswirtschaftliche Logik sozialverträglicher Kündigung

Um solide ermitteln zu können, unter welchen Bedingungen ein professionelles Freisetzungsmanagement zur Kosteneinsparung beiträgt, muss stets der Einzelfall berücksichtigt werden, schon wegen differierender Kündigungsfristen, die sich herleiten aus dem Arbeitsvertrag bzw. einem auf das Arbeitsverhältnis anwendbaren Tarifvertrag oder eben aus der gesetzlichen Grundlage (vgl. insbesondere § 622 BGB). Bei der recht simplen Berechnung der Gesamtaufwendung werden für jeden Einzelfall die jeweiligen Lohnkosten (einschließlich der Administrations- sowie Personalnebenkosten) mit der individuellen Kündigungsfrist multipliziert. Anschließend werden dann die einzelnen Lohnansprüche aus den Restlaufzeiten der zu kündigenden Arbeitsverträge addiert, sodass daraus ein aus Arbeitgebersicht optimistisches Bild der eingesparten Lohnkosten entsteht. Optimistisch deshalb, weil diese Rechnung davon ausgeht, dass die Mitarbeiter ihre Kündigung unwidersprochen hinnehmen, was in der Praxis kaum zu erwarten sein dürfte.

3.2 Risikofaktor Rechts- und Lohnkosten

Bisweilen geben Arbeitgeber auch die erste Instanz einer Kündigungsschutzklage kalkuliert ab, weil sie darauf setzen, in der zweiten Instanz, spätestens aber vor dem Bundesarbeitsgericht auf Richter zu stoßen, die erfahrener als der vorinstanzliche Kollege sind und sich aufgeschlossener für Arbeitgeberargumente zeigen werden. Geht diese Rechnung jedoch nicht auf, ist eine Kündigung unwirksam – womit der betroffene Mitarbeiter durchgängig Anspruch auf Lohn (plus Lohnzusatzleistungen) hat, wie er ihn erhalten hätte, wenn ihm nicht gekündigt worden wäre. Hat der Arbeitgeber die Lohnzahlung eigenwillig nach Ablauf der Kündigungsfrist eingestellt, entsteht dem Mitarbeiter von diesem Zeitpunkt an auch ein Anspruch auf Annahmeverzugslohn (vgl. § 615 Satz 1 BGB). Trotz besonderer Prozessförderungspflicht seitens des Gerichts (vgl. § 61a ArbGG) kann ein Kündigungsschutzprozess sich dennoch über mehrere Jahre erstrecken und sich das damit einhergehende Kostenrisiko für den Arbeitgeber entsprechend verschärfen.

Wie hoch ist das Kostenrisiko im Falle eines Annahmeverzugslohns?

Neben der Frage des Ausgangs der Kündigungsschutzklage ist der *Annahmeverzugslohn* für die Analyse des Kostenrisikos für den Arbeitgeber von wichtiger Bedeutung. Der sogenannte *Annahmeverzugslohn* meint die Vergütung, die ein Arbeitgeber nachzuzahlen hat, wenn das Gericht am Ende zu dem Schluss gekommen ist, dass die Kündigung unwirksam war. Ein wesentlicher Faktor für die Analyse des Kostenrisikos stellt dabei die Kündigungsfrist des Mitarbeiters dar, wie die nachfolgenden beiden Beispiele[10] verdeutlichen.

Beispiel: Früher Annahmeverzug

L., der seit etwas mehr als einem Jahr im Betrieb beschäftigt ist, wurde gekündigt, der Ausspruch der Kündigung erfolgte am 27.05. zum nächstzulässigen Termin. Nach der gesetzlichen Kündigungsfrist gemäß § 622 Bürgerliches Gesetzbuch (BGB) endet das Arbeitsverhältnis damit – falls die Kündigung wirksam ist – zum 30.06. L. erhebt am 15.06. Kündigungsschutzklage. Die Güteverhandlung findet am 02.08. statt.

Folge: Im Zeitpunkt der Güteverhandlung befinden Sie sich bereits seit mehr als einem Monat im Annahmeverzugslohnrisiko.

Beispiel: Später Annahmeverzug

Mitarbeiter F., wurde nach mehr als 20 Jahren Betriebszugehörigkeit gekündigt,. Der Ausspruch der Kündigung erfolgte ebenfalls am 27.05. zum nächstzulässigen Termin. Nach der gesetzlichen Kündigungsfrist gemäß § 622 BGB endet das Arbeitsverhältnis damit – falls die Kündigung wirksam ist – zum 31.12. F. erhebt ebenfalls am 15.06. Kündigungsschutzklage. Die Güteverhandlung findet auch in seinem Falle am 02.08. statt.

Folge: Im Zeitpunkt der Güteverhandlung befindet sich der Arbeitgeber noch nicht im Annahmeverzugslohnrisiko. Je nach Arbeitsanfall bei der zuständigen Kammer des Arbeitsgerichts kann möglicherweise noch vor Ablauf des Jahres ein Urteil ergehen. Damit würde ein Annahmeverzugslohnrisiko, zumindest in der 1. Instanz, gar nicht entstehen. Dass schon allein angesichts dieser hier nur kurz hinweisend angedeuteten Thematik der mit einem Kündigungsschutzprozess einhergehenden drohenden Kosten dieser Weg im allerseitigen Interesse vermieden werden sollte, liegt auf der Hand. Noch entscheidender jedoch sind die weniger eindeutig zu kalkulierenden Kosten von als unfair empfundenen oder gar konfrontativ durchgeführten Personalreduzierungen.

3.3 Keypoint „Survivors“: Leistungsabfall unter den verbleibenden Mitarbeitern

Verunsicherung beginnt oft bereits im Vorfeld

Bereits in einer frühen Phase des geplanten Abbauprozesses kursieren in der Regel bereits die ersten, sich häufig nach dem Prinzip der „stillen Post“ verstärkenden Gerüchte im Betrieb bzw. insbesondere dessen betroffener Untergliederung. Sofern jene Mitarbeiter ab sofort nur dreißig Minuten täglich damit verbringen, sich mit anderen Mitarbeitern auszutauschen und wechselseitig ihren Unmut zu äußern – in der Regel kann sich dieser Zeitraum um den Faktor Drei bis Fünf steigern – so ist anhand des durchschnittlichen Lohnkostensatzes leicht zu errechnen, welche monetären Gesamtkosten nur dieser betroffene Geschäftsbereich einbüßt. Geht man von einer Dauer von sechs Monaten aus, bis sich die

Unruhe wieder einigermaßen gelegt haben sollte, schlagen hier schnell sechs- oder gar siebenstellige, unmittelbar zu quantifizierende Kosten zu Buche.

> „Angst und Unsicherheit führen zur Fluktuation und damit zu einer nachteiligen Verschiebung in der qualitativen Personalstruktur"
>
> *J. Berthel*

Produktivitätsverluste kaum quantifizierbar

Es wäre nun bei Weitem zu kurz gedacht, den monetären Schaden lediglich über einen quantitativen Verlust von Arbeitsleistung zu kalkulieren. Wesentlich bedeutender ist darüber hinaus der qualitative Aspekt, welcher, auch aufgrund unterschiedlichster betrieblicher, hierarchischer, aber auch persönlicher Prädisposition per Modell gleichwohl nur schwer zu quantifizieren ist.

Der Autor Robert Tomasko („Downsizing: Reshaping the Corporation for the Future"; „Rethinking the Corporation", „Go for Growth") untersuchte insgesamt 1000 amerikanischen Unternehmen, welche Personalabbau durchgeführt hatten. Die Resultate waren ebenso deutlich wie alarmierend: Obwohl über 90% der untersuchten Unternehmen mit dem Personalabbau eine Kostenreduzierung angestrebt hatten, wurde dieses Ziel in weniger als der Hälfte erreicht. Ein ähnliches Bild zeichnet sich ab bei den angestrebten Faktoren Produktivitätssteigerung, welche für 75 % der Unternehmensverantwortlichen ein Motiv war, sowie der Erhöhung des Cash Flows oder des Shareholder Values, wie sie von gut 50 % der Unternehmen angestrebt wurde: Lediglich in 22 % bzw. 25 % der untersuchten Fälle konnten diese Ziele auch tatsächlich erreicht werden.

3.4 Gesamtkosten konfrontativer Trennungspolitik kaum quantifizierbar

Fast immer weitaus bedeutender als die gerade genannten, noch verhältnismäßig leicht zu quantifizierenden Aufwendungen für das Unternehmen sind jedoch die immateriellen Faktoren. An dieser Stelle sei nur auf die Bedeutung des Faktors Employer Value Proposition (EVP) und dem damit mittel- und langfristig korrelierenden Wert als Arbeitgebermarke verwiesen. So weisen Franke/Dersch (2011) darauf hin, dass „die Werte einer Employer Value Strategie zu definieren und in der Organisation zu verankern" einem doppelten Zweck geschuldet seien: „Einerseits dienen die Werte dazu, Zielgruppen anzuziehen, andererseits sollen sie durch ihr Versprechen die vorhandenen Mitarbeiter motivieren und binden sowie Erwartungen vermitteln, die die Unternehmensstrategie und den Kulturwandel unterstützen."[11] Die Erkenntnis, dass künftige Unternehmenserfolge im Wesentlichen durch die Humanressourcen realisiert werden müssen und somit die Personalstrategie in die Unternehmensstrategie zwingend zu integrieren ist, stellt die wichtigste Voraussetzung für erfolgreiches Personalmarketing dar. Die Teilintegration oder sogar nur die temporäre Berücksichtigung der Personalstrategie ist ein deutliches Handicap und verhindert die strategische Ausrichtung eines ganzheitlichen Personalmarketing-Konzeptes.[12] Gerade heute angesichts sich verknappender Human Resources gewinnt jedoch das hierarchieübergreifende Freisetzungsmanagement eine elementare Bedeutung für das Personalmarketing. Abseits der in Hochglanzbroschüren proklamierten Unternehmenskultur entscheidet sich letztlich am Thema Freisetzungskultur die Glaubwürdigkeit der beanspruchten Werte wie Mitarbeiterorientierung und unternehmerische Verantwortung in der Praxis. „(Doch) nicht nur die Motivation der verbleibenden Mitarbeiter steht und fällt in Krisenzeiten damit, wie gekündigt wird. Unglückliche Trennungen sprechen sich schnell herum und können den Ruf des Unternehmens für lange Zeit ruinieren.“[13] Durch die sich um ein Vielfaches schneller verbreitende negative Publizität, medial oder per Mundpropaganda (im Englischen: "The mouth is the gate of trouble") ist diese dabei geeignet, eine mühsam aufgebaute Reputation der Arbeitsgebermarke nachhaltig zu schädigen. Oder wie es der Theologe Wolfgang Huber ausdrückt: „Verlorenes Vertrauen ist noch schwieriger wiederzugewinnen als verlorengegangenes Kapital“.[14]

Noch deutlicher wird Cornelia E. Hulla, Mitglied des Vorstandes und Arbeitsdirektorin der Coca-Cola AG. Firmen könnten langfristig nur dann erfolgreich sein, „wenn sie durch verantwortliches und ethisches Verhalten aller Mitarbeiter Vertrauen in der Gesellschaft erwerben.“ Gerade Personalmanager hätten hier „eine große Verantwortung.“[15] Dass Themen wie anstehende Kündigungen und Krisen unter den Mitarbeitern als potenziell (oder tatsächlich) Betroffenen einen besonders hohen Mitteilungswert innehaben, liegt auf der Hand, zumal Rolke/Schuhmann (2010) darlegen, dass selbst unter den Personalern das Thema (Konkret: Kündigungen, Sozialpläne, Streiks) mit 68 % als zweithäufigste Antwort genannt wurde. Mehr als zwei von drei Personalmanagern gaben demnach an, mit ihren HR-Kollegen diese Themen zu besprechen, währenddessen personalpolitische Themen wie Demographie und Diversity Management nur von 29 % als wichtigste Anlässe genannt wurden.[16] Aus diesem Grunde ist Outplacement auch eine Investition in die eigene Arbeitgebermarke und zwar in erster Linie präventiv, indem das Risiko nachhaltiger Beschädigungen weitgehend ausgeschlossen wird. Aber auch proaktiv kommuniziert durch das Unternehmen oder aber durch Betroffene selbst können outplacementbasierte, einvernehmliche Freisetzungen einen Beitrag leisten, die Arbeitgebermarke zu stärken. Da Unternehmen im Fach- und Führungskräftebereich (meist sogar international) im Wettbewerb stehen, kann es dann sogar vorteilhaft sein, wenn Insiderberichte zur Qualität des Arbeitgebers über unkontrollierbare Internetkanäle nach außen gelangen (was bisher nahezu weitgehend gegenteiligen Effekt hatte, wenn sich nämlich frustrierte und/oder gekündigte Mitarbeiter entsprechend abfällig-destruktiv über den Arbeitgeber auslassen).

> "Outplacement ermöglicht dem Unternehmen und der betroffenen Führungskraft unter Mitwirkung eines erfahrenen Personalberaters eine einvernehmliche Trennung."[17]
>
> *Prof. Dr. Lothar J. Seiwert*

Eine extern positiv wirkende Arbeitgebermarke hat auf Dauer jedoch nur Bestand, wenn der Arbeitgeber intern tatsächlich als »fair« empfunden wird. Oft beweist sich dies erst in Krisenzeiten – etwa bei betriebsbedingten Kündigungen. Ein Arbeitgeber, der betroffenen Mitarbeitern bereits mit der Trennungsentscheidung neue Perspektiven aufzeigt und ihnen neben der Abfindung auch eine professionelle Transferhilfe anbietet, ist aber nicht nur fair. Personalwirtschaftlich gesehen reduziert er auch den Investitionsbedarf für Mitarbeiterbindung und Rekrutierung. Arbeitnehmer, die auf die Fairness ihres Arbeitgebers vertrauen können, müssen sich während der Arbeitszeit weniger Gedanken um ihre berufliche Zukunft machen: Beste Voraussetzungen für Loyalität und anhaltende Produktivität.

Dennoch greifen letztlich sogar auch die dramatischen Ergebnisse der hier aufgeführten Studien immer noch zu kurz. Sollen die tatsächlichen Kosten des Produktivitätsverlustes ganzheitlich analysiert werden, so wären auch die infolge der gesunkenen Produktivität entstehenden Opportunitätskosten, sprich resultierende ausgelassene Marktchancen, hinzuzuaddieren. Spätestens hier jedoch würde eine Modellrechnung daraus resultierender Kosten das Maß seriöser betriebswirtschaftlicher Berechnungen ad absurdum führen; seien aber der Vollständigkeit halber zumindest erwähnt. Dennoch sind für eine umfassende Kosten-Nutzen-Analyse eines sozialverträglichen Freisetzungsmanagements gerade die drohenden Beschädigungen in jenen Bereichen zu identifizieren, deren Wert für das Unternehmen sich nicht in den jeweiligen Bilanzen widerspiegelt.

> „21 Prozent. So viel beträgt der durchschnittliche Produktivitätsrückgang, wenn Veränderungsprozesse, etwa ein Personalabbau, unprofessionell abgewickelt werden. Im Klartext heißt das: Jeder fünfte Mitarbeiter wird damit rein rechnerisch zum Totalausfall."

Verunsicherung oft Hauptgrund, wenn Umstrukturierungen fehlschlagen

Welches ist nun die (Haupt-)Ursache für die auffallende Divergenz zwischen mit Personalreduzierungen angestrebten Zielen und den erzielten Ergebnissen? In der Literatur finden sich verschiedene Erklärungsansätze, weshalb viele Unternehmen die avisierten Ziele von Personalabbaumaßnahmen nicht erreichen. So verweist auch Eck[18] darauf, dass der Ablauf von Entlassungen die Mitarbeiter die propagierte Personalpolitik kritisch hinterfragen ließen und Abweichungen zur Realität zu Demotivation führten. Als weitgehend unbestritten ist anzusehen, dass gerade durch betriebsbedingte Kündigungen herbeigeführte Personalanpassungen oft deutliche Auswirkungen auf das Beziehungsgefüge innerhalb des Unternehmens haben können, zumal bei vielen Maßnahmen des Personalabbaus lediglich das Schicksal der Mitarbeiter, welche ihren Arbeitsplatz verlieren, im Mittelpunkt steht. Demgegenüber sind die emotionalen Auswirkungen und Reaktionen der „Überlebenden" meist kein Thema. Von ihnen wird jedoch erwartet, dass sie ihre Aufgaben dennoch zumindest auf einem vergleichbaren Leistungsniveau ausführen, was eine motivierte Weiterarbeit und oft auch Freude oder Dankbarkeit über den Erhalt ihres Arbeitsplatzes voraussetzt.

Stattdessen weisen verschiedene Untersuchungen aus den Vereinigten Staaten und Großbritannien nach, dass die „Survivors" den Personalabbau meist nicht unbeschadet nur zur Kenntnis nehmen und danach wieder zur geregelten Tagesordnung übergehen. Stattdessen reagieren die mit einer breiten Spanne an Reaktionen und auch negativen Einstellungsänderungen als Antwort darauf. Neben der anfänglichen Freude über den Erhalt ihres Arbeitsplatzes umfasst die Gefühlsskala unter anderem Emotionen wie eine allgemeine Verunsicherung bezüglich der Sicherheit des eigenen Arbeitsplatzes, Befürchtungen vor Überlastung aufgrund von effizienzsteigernden Maßnahmen, Schuldgefühle, wenn die Entlassenen keinen neuen Arbeitsplatz finden bis hin zu Zorn auf die Unternehmensleitung. Diese Emotionen bewirken durch die Einstellungsveränderung ein Nachlassen der Arbeitszufriedenheit und reduziert auch drastisch die Loyalität zum Unternehmen. Besonders ausgeprägt sind diese Effekte bei Mitarbeitern, die sich vor der „Entlassungswelle" mit dem Unternehmen besonders eng verbunden fühlten.

„Psychologischer Vertrag" zwischen Unternehmen und Mitarbeiter

Gerade der Verlust von Leistungsmotivation infolge von Verunsicherung der Mitarbeiter ist beispielsweise oft dafür verantwortlich, wenn durch Umstrukturierungen seitens der Unternehmensleitung angestrebte Ziele in der Praxis nicht erreicht werden können. Studien wie die Dissertation von Samuel Berner an der Universität St. Gallen (1999)[19], weisen insbesondere darauf hin, dass sich gerade unter jener, durch eine nicht konfliktarm gestaltete Trennungspolitik verunsicherte, verbleibenden Belegschaft die Produktivität deutlich spürbar reduziert. Hier genügt bereits ein nur um wenige Prozent nachlassendes Commitment unter den „Survivors" aus, um durch diese Reduzierung von Leistungsfähigkeit einen gravierenden kurz– und mittelfristigen monetären Schaden zu verursachen. Berner schreibt dazu: „Der psychologische Vertrag ist ein wichtiger Bestimmungsfaktor des individuellen Arbeitsverhaltens in einem Unternehmen. Nach Jahren als selbstverständlich angesehener Stabilität bricht ein überraschender Personalabbau diese unausgesprochene Übereinkunft und stellt damit die Arbeitsbeziehung auf eine völlig neue Grundlage."

„Anpassungen verschlingen Arbeitskapazität"

Auch Mayrhofer[20] schreibt, dass die durch die Kündigung eines langjährigen Mitarbeiters ausgelöste Veränderung das gesamte Gefüge verändere: „Anpassungen verschlingen Arbeitskapazität" Der "psychologische Vertrag" zwischen Unternehmen und Mitarbeiter wird als Folge von Personalfreisetzungen oft als arbeitgeberseitig aufgekündigt empfunden, und weniger als direkte Folge von Globalisierung und gestiegener Dynamik auf den Weltmärkten, welche eine Flexibilisierung der Unternehmensstrukturen notwendig gemacht haben. Wo aber der bisherige psychologische Vertrag "Arbeitsplatzsicherheit gegen Mitarbeiter-Loyalität" nicht mehr einzuhalten ist, bedarf es seitens der auf die Leistungsverpflichtung ihrer Mitarbeiter angewiesenen Unternehmen neuer Ansätze, welche es in die Waagschale zu werfen hat. Dazu gehört, neben einem breitgefächerten Spektrum personalpolitischer Maßnahmen, auch die Wahrnehmung sozialer Verpflichtung im Falle von personellen Anpassungen. Für das HR-Management gilt es somit, zunächst dem Faktor der Vermeidung eines drohenden Produktivitätsverlusts infolge einer aufkommenden Verunsicherung auch unter den nicht betroffenen Mitarbeitern besondere Aufmerksamkeit zu schenken – kommt es doch gerade in Zeiten von Umstrukturierungen und Change-Management verstärkt auf deren Leistungsmotivation an. Kein Wunder also, dass in einer aktuellen Studie[21] der Universität Hamburg (2010) mittlerweile 90,3 % der befragten Personalentscheider angeben, auch die verbleibenden Mitarbeiter bei Personalabbaumaßnahmen im Blick zu haben und entsprechende Kommunikationsmaßnahmen einzusetzen. Gleichwohl sollten diese auf die verbleibende Belegschaft abzielenden kommunikativen Maßnahmen nur die Grundlage eines ganzheitlichen Freisetzungsmanagements bilden; ähnlich der Verpackung eines Produktes, welche letztlich zumindest weitgehend kongruent zum Inhalt sein muss, soll diese nachhaltig von Wirkung sein.

Bedrohung infolge „reverser" Auslese"

Ähnlich schwer modellhaft zu skizzieren ist die häufig mit konfrontativem Personalabbau einhergehende „reverse Auslese", jene steigende Fluktuation insbesondere unter den qualifizierten Fachkräften und Leistungsträgern infolge einer von Verunsicherung und getrübtem Arbeitsklima gestiegenen Wechselbereitschaft, während hingegen durchschnittliche Mitarbeiter oder gar „Low Performer" es naturgemäß deutlich schwerer haben, eine neue externe Anstellung zu finden und somit im Unternehmen verbleiben. Auch die Hürde für die Rekrutierung neuer, leistungsstarker Mitarbeiter wird sich durch die Personalabbaumaßnahme im Normalfall erhöhen. Oder wie der Autor Jörg Knobloch in einem Interview mit der Fachzeitschrift *Human Resources Manager* (04/2010) es ausdrückt, „wenn Sie viele B- und C- Mitarbeiter haben, dann verlassen die A(-Mitarbeiter) das Schiff," ganz einfach weil die sich ein Umfeld suchten, „wo sie sich unter A bewegen können." Das verschärfe die Situation zusätzlich noch. Ein weiterer erschwerender Faktor bei dem Erhalt der Leistungsfähigkeit der von Personalabbau betroffenen Organisation kann in der Praxis auch die Sozialauswahl darstellen, bei der in erster Linie soziale Faktoren anstelle von Leistungskriterien zu berücksichtigen sind. So sind, wenn auch nicht ohne Grund, nach § 1 Absatz 3 KSchG Kündigungen auch dann sittenwidrig (und damit unwirksam!) wenn der Arbeitgeber bei der Auswahl der freizusetzenden Mitarbeiter soziale Gesichtspunkte nicht oder zumindest nicht zureichend berücksichtigt hat. Pulte (2005) weist darauf hin, dass in diesem Zusammenhang Aufhebungsverträge unter Umständen die Anzeigepflicht bei Massenentlassungen hinfällig werden lassen. Insbesondere bei Mitarbeitern, welche nicht unter die A-Kategorisierung (vgl. Knobloch, 2010) fallen, haben sich in der Praxis dabei besonders Aufhebungsverträge bewährt, die neben einer Abfindungszahlung auch die Kostenübernahme einer Outplacementmaßnahme beinhalten. Selbst ein auf den durchschnittlichen Einzelfall austariertes Angebot aus Abfindung plus Outplacement ist für die Unternehmen oft deutlich günstiger als konventionelle Freisetzungen.[22]

3.5 Allgemeine Definition des Outplacement-Begriffes

Wenn wir auch davon ausgehen, dass die Mehrzahl der Leser dieses Fachbuches grundsätzlich mit den Outplacement-Grundlagen vertraut sein dürfte, so soll auf den folgenden Seiten dennoch eine kurze Berücksichtigung stattfinden, um auch Nicht-Personalern jene Wissensgrundlage zu vermitteln, die notwendig erscheint, um die Thematik dieses Buches vollumfänglich aufzunehmen.

Auch wenn ein breit gefächertes Spektrum verschiedener Definitionen dessen existiert, was sich hinter dem Begriff Outplacement verbirgt, so wollen wir uns hier der allgemeinen Definition nach Lohaus bedienen: *„Outplacement ist eine freiwillige Personaldienstleis-*

tung für von Personalabbau betroffene Mitarbeiter, die in der Regel vom Arbeitgeber finanziert wird. Sie umfasst die zeitlich befristete beratende und trainierende Unterstützung bei der beruflichen Neuorientierung. Ziel der Maßnahme ist die möglichst rasche Aufnahme einer neuen Erwerbstätigkeit, die den Qualifikationen und Bedürfnissen des Mitarbeiters entspricht." (Lohaus, Daniela, Outplacement)[23]

Obgleich sich die Branche der Outplacement-Berater im deutschsprachigen Bereich zumeist wenig glücklich mit der Bezeichnung und der damit einhergehenden landläufigen Übersetzung bzw. Assoziierung zeigt, hat sich der Begriff mittlerweile weitgehend etabliert, wenngleich u.a. Andrzejewski bereits 2002 eine „Reform" des Begriffes vor allem „in qualitativer Hinsicht für überfällig" erachtet hat und stattdessen die Begriffe Outplacement-Counseling (als Begleitung des Unternehmens bzw. dessen verantwortlicher Führungskräfte im Sinne eines professionellen Trennungsmanagements) sowie Newplacement-Counseling (als Betreuung des betroffenen Mitarbeiters hin zu einer neuen Position) vorschlägt.[24] Dieses Bestreben nach Differenzierung und Präzisierung des Leistungsbegriffes ist sicherlich nicht ganz unberechtigt, denn auch wenn im angelsächsischen Sprachraum recht eindeutig wird, dass es um die externe (im Sinne von außerhalb des bisherigen Unternehmens) Neuplatzierung geht, wird hierzulande der Begriff regelmäßig mit „hinausplatzieren" interpretiert. Eine Übersetzung, welche der eigentlichen Intention hinter dieser Dienstleistung natürlich diametral entgegensteht, ist doch diese Entscheidung seitens des Unternehmens im Regelfall längst getroffen, wenn Outplacementberater hinzugeholt werden. Dennoch: Alle Versuche, den Begriff Outplacement aus einer Reihe alternativer, neutral bis positiv besetzter Bezeichnungen wie New-, Re- oder auch In- oder einfach nur Placement bzw. die deutsche Beschreibung „Beratung zur beruflichen Neuorientierung" als Synonyme zu substituieren, konnten sich letztlich nicht durchsetzen, auch weil einzelne Begriffe mittlerweile mit einem ganz anderen Bedeutungszusammenhang versehen sind. So differenziert beispielsweise Achouri (2010): „Placement meint schlicht „Platzierung" und zwar von Bewerbern auf Stellen. Im Gegensatz zu den Begriffen „Outplacement" oder „Newplacement", die beide eine Platzierung von Mitarbeitern eines Unternehmens auf den externen Stellenmarkt im Auge haben, meint das reine Placement die Platzierung von Mitarbeitern im eigenen Unternehmen."[25] Kinast (2001) hingegen definiert den Begriff Inplacement als „alle Aktivitäten zur systematischen, zielgerichteten Einarbeitung und Integration von neuen Mitarbeitern (umfassend)"[26]

Wegen der sich insgesamt etwa auf ein Dutzend bereits belaufenden Substitutionsvorschläge sei nachfolgend weiterhin der klassische Begriff Outplacement als Oberbegriff verwendet, und zwar im Sinne der außerhalb des bisherigen Arbeitgebers bzw. Tätigkeitsbereichs externen Neuplatzierung nach einer Freisetzung. Angesichts dieser Vielzahl mittlerweile kursierender Begriffe erscheint es gar nicht mehr so erstaunlich, wenn es noch immer eine nicht unbedeutende Anzahl von durchaus kompetenten Journalisten, Führungskräften und – in Ausnahmefällen – mitunter sogar Personalentscheidern gibt, welche Outplacement noch immer als Unterart des Outsourcings fehlinterpretieren, was jedoch zusätzlich einen Rückschluss auf die noch immer mangelhafte Kenntnis dieses Instrumentes außerhalb eines professionellen HR-Managements zulässt. (Dem Vorwurf der weiteren begrifflichen Vernebelung vorbeugend sei an dieser Stelle erwähnt, dass der Autor mit der Entwicklung des Begriffes ePlacement in erster Linie eine inhaltliche Abgrenzung ausdrücken wollte und keinen weiteren Versuch einer Aufhübschung des traditionellen Outplacementbegriffes beabsichtigte).

3.6 Herkunft und Entwicklung

Der Begriff Outplacement hat, nicht ganz unerwartet, seinen Ursprung in den Vereinigten Staaten von Amerika, wo bereits nach Beendigung des Zweiten Weltkrieges erstmals die damals heimkehrenden US-Soldaten mit externer Unterstützung zielgerichtet aus der Armee „herausplatziert" wurden – hinein in den amerikanischen Arbeitsmarkt. Aufgrund positiver Erfahrungen mit diesem damals neuen Ansatz wurde dieser in den 1960er Jahren seitens der Psychologen Drake, Beam und Moris adaptiert und für ausscheidende Mitarbeiter weiterentwickelt. Thomas Hubbard erkannte ebenfalls als einer der Ersten das hohe Nutzenpotenzial und gründete 1969 eine weitere Outplacementberatung mit dem Namen „THinc., nachdem er zuvor überraschend seine Anstellung im Top-Management verloren hatte. Während der Mitte der 1970er-Jahre folgenden Rezession in den Vereinigten Staaten wurde Outplacement als Beratungsansatz für gehobene Fach- und Führungskräfte erstmalig über Einzelfälle hinaus „fester Bestandteil betrieblicher Personalarbeit, die bis 1986 von mehr als 100.000 Führungskräften in Anspruch genommen wurde"[27]. In Deutschland hingegen wurde die erste Outplacementberatung erst 1979[28] von Dr. Fritz Stoebe gegründet mit dem Untertitel *Fachberatung für Positionswechsel im Management* und gilt seitdem als Nestor des Outplacements in Deutschland. Kurze Zeit später folgte ihm der Wiesbadener Personalberater Dr. Dieter Schulz als Lizenznehmer eines US-Unternehmens auf dem hiesigen, noch tief in den Kinderschuhen steckenden Outplacementmarkt.[29]

Aber auch nachdem Ende der 80er Jahre vereinzelt auch Karriere- sowie Personalberater Outplacement als ein zusätzliches Geschäftsfeld für sich entdeckten und sich weitere Outplacementgesellschaften (z.B. von Rundstedt: 1985; M-U-M- OutPLACEMENT oder Mühlenhoff + Partner: 1992) gründeten, blieb das Marktvolumen überaus überschaubar und „auf Führungskräfte ab dem mittleren Lebensalter beschränkt".[30] Die Gründe für diese Beschränkung werden in der Literatur unterschiedlich beurteilt. Während Lingenfelder und Walz (1989)[31] den Grund in erster Linie in der „hohen Identifikation mit der beruflichen Stelle" sehen, geht Lohaus (2010) rückwirkend davon aus, dass bei höheren Führungskräften „der Erhalt einer positiven Beziehung trotz Trennung" wichtiger anzusehen sei als bei Mitarbeitern niedrigerer Hierarchieebenen, „da die Person mit großer Wahrscheinlichkeit zukünftig in einem anderen Unternehmen eine verantwortliche Position einnehmen (...) und dann möglicherweise ein Geschäftspartner sein wird". Andere geäußerte Meinungen sind die hohen Abfindungszahlungen bei Kündigungen in gehobenen Positionen sowie eine tradierte Managementkultur, nach der externe Unterstützung als ein Zeichen von Schwäche fehlinterpretiert wurde.

Wenngleich sich Outplacement spätestens seit Mitte der 90er Jahre auch im deutschsprachigen Sprachraum zunehmend als personalpolitisches Instrument etablieren konnte, ist noch heute die Unterstützung durch Outplacementberater im westlichen Ausland verbreiteter und ist vielfach als standardmäßiger Bestandteil von unternehmensseitig veranlassten Kündigungen vorzufinden. Und auch wenn der Einsatz von Outplacement-Unterstützung auch hierzulande nicht mehr auf Angehörige des gehobenen Managements beschränkt ist, so ist dennoch, kostenbedingt, eine offenkundige Ungleichheit der Maßnahmen bezüglich Umfang, Inhalt und Qualität (u.a. = Individualität) festzustellen. Auch zur Überwindung einer „Zwei-Klassen-Transferlandschaft", welche wohl in den allerseltensten Fällen mit der jeweilig proklamierten Unternehmenskultur kongruent ist, werden im Laufe des Buches Lösungsansätze zu finden sein.

3.7 Markentwicklung in der Schweiz

Zunächst durchaus vergleichbar lief die Entwicklung in unserem südlichen Nachbarland Schweiz. Vorreiter war hier war der gebürtige US-Amerikaner John P. Robertson, der sich 1982 mit fast 70 Jahren die „OutPlacement AG" gründete.[32] Im Gegensatz zur (trotz nahezu durchgehend zweistelliger Wachstumsraten der Branche) eher etwas trägen Entwicklung des deutschen Marktes, welcher im „internationalen Zusammenhang allerdings betreffend Marktgröße und -wachstum hinter Amerika, aber auch hinter anderen europäischen Ländern wie Großbritannien oder Frankreich (hinkt)"[33], hat die Schweiz einen proportional deutlich größeren Markt, was Nadler/Reemts Flum (2008) mit dem „lange nicht so ausgeprägten" gesetzlichen Kündigungsschutz in der Alpenrepublik erklären. Viele Unternehmen seien daher bereit, die so gewonnenen Gelder „in gewissem Ausmaß in die Unterstützung von freizustellenden Mitarbeitern zu stecken"[34]. In wieweit diese Hypothese ihre Berechtigung hat, ist jedoch mehrheitlich umstritten. Weitgehende Einigkeit dagegen besteht bezüglich der u.a. steuerrechtlichen stiefmütterlichen Behandlung des Leistungsangebotes Outplacement durch die deutsche Politik.

3.8 Variationen des Outplacement

3.8.1 Einzel-Outplacement („Executive Placement")

Definition

„Variante der Personalfreisetzung bei Führungskräften (oberes oder auch mittleres Management) mit Unterstützung eines i.d.R. externen Beraters. Die Beratung ist darauf spezialisiert, für die Entlassenen neue Arbeitsplätze und Aufgabenfelder zu finden sowie das Selbstwertgefühl zu stabilisieren. Die Gebühren für die Outplacement-Beratung werden üblicherweise vom ehemaligen Arbeitgeber des Entlassenen bezahlt.[35] (Bartscher, Thomas, in: Gabler Wirtschaftslexikon).

„Einzeloutplacementberatung: Je nach Zielsetzung der betreffenden Einzeloutplacement-Maßnahme, die in der Regel Fach- und Führungskräften sowie dem Management eines

Unternehmens in Trennungssituationen angeboten wird, unterscheidet man zwischen zeitlich unbefristeten Einzeloutplacementberatungen und zeitlich limitierten Programmen. Bei zeitlich unbefristeten Programmen kann der betreute Kandidat typischerweise nach Abschluss der Beratung eine neue berufliche Position vorweisen oder ist in die Selbstständigkeit gewechselt. Im Rahmen einer zeitlich limitierten Einzelberatung werden im Vergleich zur unbefristeten Beratung zwar vergleichbare Beratungsinhalte angeboten, jedoch entfällt das Coaching des Kandidaten während der Integration in das neue Unternehmen zumeist bei 3-Monats- und 6-Monatsprogrammen. Zudem enthalten befristete Beratungen oftmals keine kostenlose Wiederaufnahmegarantie der Beratung, falls das neue Arbeitsverhältnis innerhalb eines bestimmten Zeitraumes wieder beendet wird."[36]

Die ursprüngliche Outplacementberatung wird auch als Executive Placement bezeichnet und ist die exklusivste Form des Outplacement. Als kommunikative Basis dieser im Regelfall mit der Neupositionierung des Klienten abschließenden Maßnahme dienen persönliche Arbeitsmeetings zwischen Berater und Klient. Neben der, unter den etablierten Anbietern vergleichbaren, beeindruckenden quantitativen Erfolgsquote im klassischen Executive Placement von bis zu 100 % (vgl. Statistischer Jahresbericht 2010 M-U-M- OutPLACEMENT, Büro Hamburg) zeugen auch die qualitativen Ergebnisse von der hohen Leistungsfähigkeit dieses Tools. So können sich erfahrungsgemäß etwa gut ein Drittel aller Klienten, trotz vorangegangener Freisetzung als vermeintlicher Karrierehypothek, in der resultierenden Neu-Position sogar beruflich verbessern. Als wesentlichster Nachteil des Einzel-Outplacement liegt die Kostenintensität auf der Hand. Nicht nur das dem hochrangigen Klientel entsprechend angemessene Beratungspersonal, welches in der Regel selbst aus ehemaligen Managern mit langjähriger Führungserfahrung besteht, auch der hohe Reiseaufwand und die Vorhaltung entsprechender Räumlichkeiten bundesweit sind natürlich deutliche Kostenfaktoren.

Einige Anbieter bieten ihren Klienten im Executive Placement daher eine Erfolgsgarantie oder arbeiten weitgehend erfolgsabhängig. Neben dem klassischen Executive Placement für Angehörige der ersten Hierarchieebenen in den Unternehmen gibt es anbieterabhängig verschiedene reduzierte Formen, welche über eine zeitliche Beschränkung, in der Regel auf drei oder sechs Monate, die Kosten reduzieren. Auch eine Beschränkung inhaltlicher Art kommt vereinzelt zum Einsatz, um durch die damit erzielten Kosteneinsparungen weitere Ebenen unterhalb der Executive Placement – Klientel zu erschließen.

3.8.2 Gruppen-Outplacement

Definition

Gruppen-Outplacement „*ist ein Instrument, um den Personalabbau bei Mitarbeitern, die unter das Betriebsverfassungsgesetz fallen bzw. für die man keine exklusive Einzelberatung ansetzen möchte, sozial verträglich durchführen zu können. Damit soll der Hauptmangel, der mit der betriebsbedingten Kündigung oder deren Ankündigung eintritt, d. h. der Verlust des Arbeitsplatzes, durch zielgerichtete Beratung behoben werden. Der Teilnehmerkreis kann sich je nach der Gruppe der Betroffenen vom mittleren Management bis zum ungelernten Arbeitnehmer erstrecken. Er kann Auszubildende wie auch Schwerbehinderte umfassen. Das Lebensalter der Teilnehmer reicht im Allgemeinen bis Ende der 50er-Jahre (...)"*[37] Prof. Dr. Wolfgang Nicolai

Ein weiterer Ansatz, Mitarbeiter nach einer Freisetzung bei der beruflichen Neuorientierung zu unterstützen, sind sogenannte Gruppen-Outplacements, oft auch als Transferagentur nach § 216a SGB III eingesetzt. Diese Kollektivmaßnahmen auf Basis von einigen Seminartagen finden meist im Rahmen von Massenentlassungen statt und weisen als wesentlichen Vorteil gegenüber den monatelangen Einzel-Outplacements eine sich selbst erklärende deutlich reduzierte Kostenstruktur auf. Die erste wesentliche Unterscheidung zum Einzel-Outplacement offenbart dabei bereits der Name. Anstelle einer individuellen Eins-zu-Eins-Beratungssituation finden Gruppen-Outplacements mehrheitlich bis ausschließlich in Seminarform statt. Anders als im Einzel-Outplacement ist auch der Beratungsansatz nicht oder zumindest nur in deutlich reduziertem Umfang auf die Interaktion zwischen Berater und Klienten im Sinne eines klassischen Consultings ausgerichtet. Ebenso systemimmanent ist dann auch der eigentliche Hauptnachteil dieser Maßnahmen; nämlich die aufgrund der inhaltlichen wie zeitlichen Beschränkung sowie insbesondere der zwangsweise mangelnden Individualität einer Kollektivmaßnahme in der Regel deutlich schlechteren Erfolgsquoten. Neben den oft dramatischen Auswirkungen von verfehlten Platzierungszielen für die betroffenen Mitarbeiter relativiert sich auch der ursprüngliche Kostenvorteil für das Unternehmen schnell, zum Beispiel wenn Restlaufzeiten bestehender Arbeitsverträge infolge der Nicht-Positionierung voll ausgeschöpft werden.

Stattdessen steht die Vermittlung von relevanten Grundlagenkenntnissen wie die Erstellung von Bewerbungsanschreiben oder Lebensläufen im Mittelpunkt. Auch die verschiedenen Möglichkeiten der Jobsuche über Print-Stellenmärkte, Jobbörsen und Datenbanken werden dargelegt. Nicolai weist jedoch darauf hin, dass die Annahme, Gruppenoutplacement beinhalte ausschließlich Gruppenveranstaltungen, „zumindest bei renommierten Gesellschaften, die (...) nicht vorrangig auf die Beratung von Führungskräften ausgerichtet sind", nicht zutreffend sei. So begrüßenswert Bemühungen, mehr Individualität in die Gruppen-Outplacementmaßnahmen einfließen zu lassen, grundsätzlich sind, sollte auch klar sein, dass mit jeder zusätzlichen Sequenz individueller Betreuung auch zwangsläufig die Kosten einer solchen Maßnahme ansteigen und damit gleichzeitig invers korrelierend den Hauptvorteil von Gruppen-Outplacement, die geringeren Kosten, reduzieren.

Gleichwohl ist eine Kollektivform nach Meinung von Experten eher als eine, bis vor einigen Jahren weitgehend alternativlose, Notlösung zu sehen, welche in der Regel nicht an die Erfolgsquoten klassischen Einzel-Outplacements heranreicht und somit Betroffenen wie Unternehmen einen nicht unbedeutenden Teil des potentiell möglichen, auch monetären, Nutzens versagt. Diese Schwachstelle haben mittlerweile auch einige Anbieter von Gruppen-Maßnahmen erkannt und arbeiten daran, verstärkt auch individuelle Betreuung in die Maßnahmen einfließen zu lassen. Abhängig vom jeweils präferierten Ansatz des Anbieters (sowie des zur Verfügung stehenden Budgets!) finden neben oder im Anschluss an die

Seminartage oft noch Einzelgespräche statt, über welche versucht werden soll, durch mehr Individualität die Maßnahme im Sinne ihrer Effizienz aufzuwerten. Auch steht die Schulung von Bewerbungsgesprächen meist mit auf dem „Lehrplan".

> „Ein Mitarbeiter wechselt 5 Mal im Berufsleben - ein Outplacement-Berater dagegen 50 Mal pro Jahr. Und diese Erfahrung begründet die Überlegenheit des professionellen Jobhunters."

Gleichwohl ist kritisch anzumerken, dass Bewerbungskompetenz, wie in anderen Bereichen auch, nur durch "learning-by-doing" erworben werden kann, was ein Hauptgrund für die Nicht-Neupositionierung von Teilnehmern ist. Ein Mitarbeiter, der beispielsweise fünf Mal in seinem vierzigjährigen Berufsleben die Anstellung wechselt, wird nicht durch einige Seminartage zum Bewerbungsprofi, geschweige denn zum professionellen „Jobhunter", der dagegen „fünfzig Mal pro Jahr" (Böhnke) „wechselt". Aus den beschriebenen Kostengründen kommt bislang bei Mehrfachentlassungen meist nur die weniger kostenintensive Form des Gruppen-Outplacement in Seminarform zum Einsatz, gelegentlich eben auch eingebettet als Transferagentur (nach § 216a SBG III) im Mantel einer Transfergesellschaft (gemäß § 216 b SGB III). Trotz zwangsläufig deutlich weniger individuellen Gestaltungsmöglichkeiten stellen solche Kollektivmaßnahmen ohne Zweifel die bessere Alternative zu einer konfrontativ gestalteten Trennungspolitik dar. Der Vollständigkeit halber sei abschließend angemerkt, dass es durchaus auch Konstellationen geben kann, in denen Gruppen-Maßnahmen als einzige Alternative verbleiben, z.B. bei gewerblichen Hilfskräften ohne jegliche PC-Affinität. Dann jedoch sollten diese um eine Art „internes Arbeitsamt" idealerweise vor Ort des freisetzenden Unternehmens als Standortbüro ergänzt werden, wo regelmäßig persönliche Arbeitsgespräche erfolgen sollten. Rein auf den Transfer von, mitunter für die berufliche Neupositionierung der Klientel vollkommen irrelevanter, Kenntnisse ausgelegte Seminare sind nach weit verbreiteter Ansicht nicht geeignet, den Namen Outplacement zu führen, wenngleich es sich bei dem Begriff ebenso wie Personalberatung, Executive Placement und andere nicht um gesetzlich geschützte Berufsbezeichnungen handelt.

3.8.3 Transfergesellschaft (auch: Beschäftigungs- und Qualifizierungsgesellschaft)

Definition

„Ein Unternehmen, dessen Gegenstand die befristete Aufnahme von Arbeitnehmern in ein Arbeitsverhältnis zur Eingliederung in den Arbeitsmarkt durch Vermittlung und Qualifizierung im Auftrag des Personal abgebenden Arbeitgebers ist. Die juristische Bezeichnung hierfür ist die betriebsorganisch eigenständige Einheit (beE).

Es werden auch Bezeichnungen wie Beschäftigungs- und Qualifizierungsgesellschaft, Auffanggesellschaft o. Ä. verwendet." [38] (Quelle: BA, Nürnberg)

„Die Transfergesellschaft ist ein arbeitsmarktpolitisches Instrument, das in § 216b SGB III definiert ist. Die inhaltliche Ausgestaltung einer Transfergesellschaft wird üblicherweise

zwischen der Arbeitnehmervertretung und Unternehmensleitung ausgehandelt. Die arbeitspolitische Funktion der Transfergesellschaft besteht in der Vermittlung der von Arbeitslosigkeit bedrohten Beschäftigten.“ [39] (Quelle: Wikipedia)

In der öffentlichen Debatte über den Sinn von Transfergesellschaften divergieren die Ansichten zum Teil deutlich. Während Befürworter diese als ein wichtiges arbeitsmarktpolitisches Instrument zur Abfederung sozialer Härten bei Massenentlassungen sehen und auf Vorteile wie die Absicherung des Mitarbeiters und den Aufschub des Anspruches auf Arbeitslosengeld verweisen, stehen andere diesen eher differenziert bis kritisch gegenüber. Nach Ansicht des Autors beschreiben Matthias Knuth und Gernot Mühge in ihrer Studie „Von der Kurzarbeit zur langfristigen Sicherung von Erwerbsverläufen – Weiterentwicklung der Instrumente des Beschäftigtentransfers“ [40] im Auftrag der Hans-Böckler-Stiftung, wenngleich eher indirekt so doch sehr treffend wesentliche Engpassfaktoren dieser Maßnahme; z.B. die Gewöhnungseffekte an die nur vermeintliche berufliche Sicherheit: *„Ist etwa die finanzielle Absicherung der Transferteilnehmer hoch, dann muss die Mobilitätsbereitschaft durch finanzielle Anreize bei der Aufnahme neuer Beschäftigung gesichert werden: Dazu gehören so genannte Sprinterprämien oder eine Entgeltsicherung. Letzteres Instrument wird in Deutschland nur in Ausnahmefällen eingesetzt, interessanterweise gehört es in Schweden zum Standardinstrumentarium des Beschäftigtentransfers. In vielen Restrukturierungsfällen wird auf eine möglichst lange zeitliche Absicherung der Betroffenen Wert gelegt, etwa, wenn Kündigungsfristen voll ausgeschöpft werden und/oder die Transfergesellschaft die maximale Laufzeit besitzt. In diesen Fällen sollte der Sozialplan sicherstellen, dass gerade wegen der langen Laufzeit die Aktivierung rasch, möglichst unmittelbar nach dem faktischen Arbeitsausfall beginnt. Phasen von niedriger arbeitsmarktpolitischer Aktivität – etwa bei langen Kündigungsfristen unter Freistellung – und geringer Betreuungsdichte wirken sich nachteilig aus (wie im Fall der Nokia-Werksschließung in Bochum), da sie die rasche Orientierung auf neue berufliche Perspektiven verhindern und das Risiko bergen, die (noch) latente Arbeitslosigkeit zu verfestigen.“*

Während Knuth/Mühge jedoch grundsätzlich eine positive Grundannahme bezüglich Transfergesellschaften als personalpolitisches Instrument erkennen lassen (siehe auch das nachfolgende Interview mit Gernot Mühge), lassen ausgewiesene Kritiker wie der Arbeitsmarktexperte Dr. Hilmar Schneider, Direktor vom Institut zur Zukunft der Arbeit in Bonn, kaum ein gutes Haar daran. So bezeichnet der prominente Arbeitsmarktexperte Transfergesellschaften in einem Interview mit der „Wirtschaftswoche“ vom 23.01.2010 als „Geldverschwendung“ sowie als ein „teures und völlig überflüssiges Instrument“. Es gebe „keinen einzigen Beleg dafür, dass ihre Betreiber den Betroffenen schneller aus der Arbeitslosigkeit helfen als es bei der normalen Betreuung über die Arbeitsagenturen der Fall ist“ und verweist im nachfolgenden Interview (siehe: *Drei Fragen an Dr. Hilmar Schneider*) darauf, dass Transfergesellschaften in erster Linie finanziell zu Lasten der betroffenen Mitarbeiter gehen.

Dass Transfergesellschaften dennoch bei Massenentlassungen häufig errichtet werden, begründet die Fachjournalistin Christine Demmer in der „Personalwirtschaft“ 10/2010 damit, dass „mit Ausnahme der erfolglos durch das Jahr geschleusten Mitarbeiter – und selbst die atmen auf, weil sie zwölf Monate Aufschub vor der offiziellen Arbeitslosigkeit gewinnen –(…) jede Interessengruppe ihren Schnitt" (mache):

- Die Bundesagentur deckelt die Arbeitslosenzahlen, was den Politikern höchst gelegen kommt
- Die Sozialkassen freuen sich über regelmäßig eingehende Beiträge
- Die Arbeitgeber können unauffällig und vergleichsweise preiswert ihre Belegschaften entsorgen
- Den Betreibern der Transfergesellschaften, also Outplacer, Rechtsanwälte und Personaldienstleister, öffnet sich ein neues Betätigungsfeld
- Die Weiterbildungsfirmen lasten ihre Mitarbeiter und Geschäftsräume aus und füllen die Auftragsbücher von freiberuflich tätigen Beratern und Coaches
- Die Gewerkschaften können ihre eigenen und die mit ihnen verbundenen Weiterbildungsfirmen päppeln

Weitgehend unbestritten: Qualitätsstandards notwendig

Weitgehend unbestritten ist dagegen, dass Vermittlungsquoten sowie durchschnittliche Vermittlungsdauer die ausschlaggebenden Indikatoren für die Existenzberechtigung dieser relativ kostenintensiven als auch bürokratischen Lösung darstellen. Auch der Gesetzgeber scheint dieses Problem erkannt zu haben und hat mit dem am 1. Januar 2011 in Kraft getretenen „Beschäftigungschancengesetz" die rechtlichen Anforderungen an Transferdienstleister erhöht, um „schwarzen Schafen" den Zugang zu diesem Markt zu erschweren. So sind die betrieblichen Anforderungen (*vgl. § 216b Abs.3 SGB III*) durch zwei weitere Punkte ergänzt worden; namentlich muss die Organisation und Mittelausstattung der Gesellschaft "den angestrebten Integrationserfolg erwarten lassen" und ein internes Qualitätssicherungssystem angewendet werden. Durch höhere Anforderungen an die Infrastruktur und Qualitätssicherungsmaßnahmen soll eine erfolgreichere Eingliederungstätigkeit als bisher sichergestellt werden. Unter anderem schweben dem Gesetzgeber hier Teilnehmerbefragungen und Etablierung von Anreizen für die frühzeitige Arbeitsaufnahme vor.

Auch der Branchenverband BVTB – Bundesverband der Träger im Beschäftigtentransfer e.V. – fordert bereits seit Jahren einheitliche Qualitätsstandards[41] und führt als Kriterien für diese auf seiner Internetseite (Stand: 03/2011):

Qualität der Transferdienstleistungen: Projektsteuerung und -abwicklung

- Betreuungsschlüssel von mindestens 1:50
- Frei zugängliches Bewerberoffice
- detailliertes Angebot inkl. Leistungsbeschreibung und Konzeption im Vorfeld der Maßnahme
- Fristgerechtes, korrektes Antragsmanagement
- Kostenkalkulation mit Realdaten im Vorfeld

- Installation und regelmäßiges Treffen eines Projektbeirates
- Dokumentation der Beratungsinhalte und -aktivitäten
- Evaluation des Beschäftigtentransfers durch Dritte

Letztlich jedoch ist die Entscheidung für oder gegen die Errichtung einer Beschäftigungs- oder Transfergesellschaft aufgrund individuell vorliegender Faktoren zu entscheiden. Auch hat sich die Kombination aus Transfergesellschaft als administrativer Basis mit Qualifizierungsauftrag und begleitender ePlacement-Maßnahmen in der Praxis oft als eine erfolgreiche Symbiose erwiesen. In jedem Fall sollten Unternehmen wie Arbeitnehmervertreter bei der Auswahl des Anbieters insbesondere dessen Neuplatzierungskompetenz in den Mittelpunkt der Entscheidungsfindung stellen. Einfache Qualifizierungsmaßnahmen wie die exemplarische MS Office–Schulung bringen meist sehr wenig, ohne ein aktiv, gemeinsam mit dem Mitarbeiter individuell umgesetztes Jobhunting. Ein „Parken" von freigesetzten Mitarbeitern hingegen als quasi vorgelagerte Arbeitslosigkeit unterminiert in naheliegender Weise den Anspruch an ein professionelles Transfermanagement und erschwert massiv eine spätere Wiedereingliederung in den ersten Arbeitsmarkt.

3.8.4 ePlacement (eOutplacement)

Angesichts der ausführlichen Beschreibung des Themas ePlacement in den folgenden Kapiteln sei an dieser Stelle nur auf die grundsätzliche Definition verwiesen.

Definition

ePlacement-Consulting bezeichnet die individuelle Unterstützung betriebsseitig freigesetzter Mitarbeiter bei der beruflichen Neupositionierung am Arbeitsmarkt im Auftrag des bisherigen Arbeitgebers, wobei die interaktive Kommunikation zwischen Berater und dem Klienten aus Gründen der Kosteneinsparung sowie der flexiblen Einsatzmöglichkeiten weitestgehend bis ausschließlich über virtuelle bzw. elektronische Medien stattfindet.

3.9 Übersicht: Vor- und Nachteile

Einzel-Outplacement („Executive Placement")

\+ Durchgehend individuelle Betreuung durch persönlichen Coach
\+ Erfahrene, hochqualifizierte Berater mit eigener Managementkarriere
\+ Erfolgsgarantie: Betreuung endet (meist) erst mit erfolgreicher
\+ Neupositionierung
\+ Hohe Chance auf gütliche Einigung aufgrund neuer Perspektive

– Kosten deutlich höher als bei sonstigen Transfermaßnahmen

Gruppen-Outplacement

+ Wesentlich geringere Kosten als Executive Placement
+ Förderungsfähig nach § 216 a SGB III

– Zwangsläufig kaum individuelle Betreuung möglich, daher meist deutlich geringere Erfolgsaussichten
– Reduzierung von Einsparmöglichkeiten, z.B. durch Restlaufzeiten
– Einsatz nur möglich bei zeitnahen Mehrfachentlassungen
– Oft kontraproduktive Gruppenzusammensetzungen unvermeidlich

Transfergesellschaften

- Fördermöglichkeiten nach § 216 b SGB III
- Verlängerung des Anspruchs auf ALG I für Betroffene
- Betroffene erscheinen nicht gleich in Arbeitslosenstatistik

– Massive qualitative Divergenzen unter den Anbietern
– Durchaus relativ hoher bürokratischer Aufwand
– Weiterlaufende, wenngleich deutlich reduzierte Lohn- und Gehaltskosten

ePlacement

- Hohe Erfolgsquote durch durchgehend individuelle Betreuung
- Deutlich reduzierte Kosten durch Einsatz IT-Kommunikationstechnik
- Hierarchieübergreifender Einsatz möglich
- Kostenhalbierung aufgrund Förderung nach § 216 a SGB III möglich
- Einsatz auch bei einzelnen Freisetzungen möglich

– PC-Grundkenntnisse seitens der Mitarbeiter erforderlich

Abbildung 3.1: Kosten- vs. Performance von Outplacementmaßnahmen (Schema)

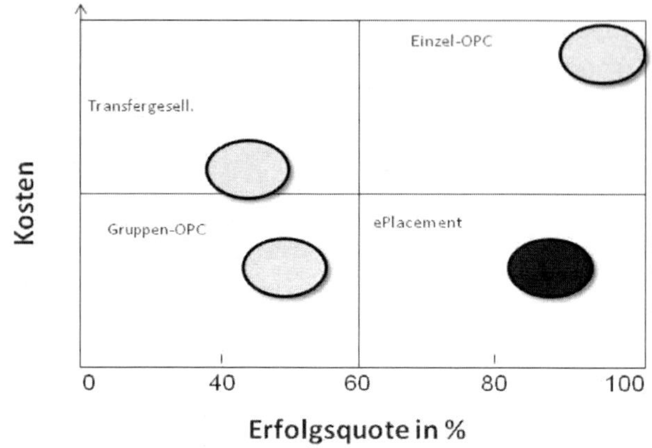

3.10 Glossar: Von beE bis ESF - Die wichtigsten Begrifflichkeiten zum Thema Transfer

Betriebsorganisatorisch eigenständige Einheit (beE): Zusammenfassung der von betriebsbedingter Kündigung betroffenen Arbeitnehmer in eine beE als Grundlage zur Beantragung von Transferkurzarbeitergeld.

Dreiseitiger Vertrag: Vertragskonstruktion bei Einrichtung einer Transfergesellschaft, welche den Übergang des Arbeitnehmers vom personalabbauenden Unternehmen in die Transfergesellschaft ohne Unterbrechung der sozialversicherungspflichtigen Beschäftigung ermöglicht

Europäischer Sozialfonds (ESF): Förderung von Qualifizierungsmaßnahmen bei Bezug von Transferkurzarbeitergeld (Transfergesellschaft). Keine Pflichtleistung der Agentur für Arbeit

Transferagentur (nach § 216a): (Outplacement-)Beratung zur beruflichen Neuorientierung von in der Regel nicht-leitenden Mitarbeitern im Vorfeld der Errichtung einer Transfergesellschaft

Profiling: Eruierung der Fähigkeiten der betroffenen Arbeitnehmer, eine wichtige Voraussetzung zur Förderung nach § 216 ff.

Remanenzkosten: Personalnebenkosten des personalabgebenden Unternehmens nach Errichtung einer Transfergesellschaft. Die Remanenzkosten belaufen sich auf circa 50 % des monatlichen Bruttoeinkommens der überstellten Mitarbeiter und werden dem Auftraggeber vom Transfergesellschaftsanbieter monatlich in Rechnung gestellt.

Transfergesellschaft, auch Beschäftigungs-, und Qualifizierungs- (BQG) oder Auffanggesellschaft: Gesetzliche Grundlage der Arbeit der Gesellschaft ist geregelt in § 216 b SGB III Transferkurzarbeitergeld (TkuG).

Transferkurzarbeitergeld (TkuG): Ersetzt seit 2004 das bis dahin gültige Struktur-Kurzarbeitergeld (vgl. § 175 SGB III alt). Das TkuG wird bei betriebsbedingten Entlassungen unter Voraussetzung der Regelungen des § 216 b SGB III gezahlt.

Förderung von Transfermaßnahme: Ersetzt seit 2004 die bis dahin gültigen Zuschüsse zu Sozialplanmaßnahmen (vgl. § 254 ff SGB III alt). Förderung von Beratungs- und Qualifizierungsleistungen an von betriebsbedingter Kündigung betroffenen Arbeitnehmer mit bis zu 50 % der Kosten, jedoch maximal 2.500 EUR.

Transfersozialplan: Sozialplan, welcher über eine Abfindung hinaus Elemente des beruflichen Transfers berücksichtigt, vgl. § 112 Ziff. 2 a BetrVG.

„Tarifvertragliche Lösungen anstreben“ - Drei Fragen an Gernot Mühge

***Gernot Mühge* ist wissenschaftlicher Mitarbeiter am Institut Arbeit und Qualifikation der Universität Duisburg-Essen**

Herr Mühge, in Ihrer gemeinsam mit Matthias Knuth verfassten Studie[42] *aus 2010 schlagen Sie mit Blick auf erfolgreichere Transfermodelle im Ausland vor, den Beschäftigtentransfer aus der „einzelbetrieblichen Verhandlungslogik herauszulösen“ und stattdessen tarifvertragliche Lösungen anzustreben. Wo sehen Sie die wesentlichen Vorteile gegenüber der bundesdeutschen Transfer-Praxis?*

Ein Problem, das in der Diskussion um Beschäftigtentransfer wenig beachtet wird, ist die historisch begründete, enge Verbindung mit dem Sozialplan. Ich möchte an dieser Stelle nur auf ein Argument eingehen: Wir stellen fest, dass die Verhandlungen eines Transfersozialplans die Betriebsparteien, insbesondere die Betriebsräte, vor ein kritisches Dilemma stellt. Der Sozialplan – auch der Transfersozialplan – soll auf der einen Seite den Nachteil des Arbeitsplatzverlustes kompensieren und den Lebensunterhalt der Betroffenen sichern. Die Basis der Nachteilkompensation ist die Abfindung, zu den passiven, versorgenden Mitteln des Transfersozialplans gehört aber auch die Aufstockung des Kurzarbeitergelds einschließlich der Remanenzkosten. Auf der anderen Seite zielt der Transfersozialplan auf Aktivierung:

Die Betroffenen sollen – mit gleichem Motiv: zur Gewährung sozialer Sicherheit – zur Arbeitssuche und Aufnahme einer neuen Beschäftigung aktiviert werden. Zum aktivierenden Teil des Sozialplans gehören Ressourcen, die für Beratung. Vermittlung und Qualifizierung zur Verfügung gestellt werden und die Mittel, die in die Ausstattung der Transfergesellschaft fließen sowie finanzielle Anreize zur Aufnahme einer neuen Beschäftigung. Die Praxis zeigt, dass beide Prinzipien: Nachteilkompensation und Aktivierung, nur schwerlich in einem konsistenten Paket in Übereinstimmung gebracht werden können, und die Trennlinie zieht sich mitten durch die Transfergesellschaft.

Dazu ein Beispiel: Die arbeitsmarktpolitisch sinnvolle Sprinterprämie belohnt die Beschäftigten, die schnell eine neue Beschäftigung finden – und steht so im Widerspruch zur Ausgleichslogik: Diese verlangt, dass die Beschäftigten stärker entschädigt werden, die den größeren Nachteil erleiden – also genau jene, denen der Sprung in neue Beschäftigung nicht gelingt. Außerdem sind Sozialplanvolumina begrenzt, d.h., Mittel zur Absicherung und Aktivierung stehen in Konkurrenz zueinander. Wenn es in den Sozialplanverhandlungen um die Verteilung von Ressourcen geht, kommt die Aktivierung systematisch zu kurz, denn die Betriebsräte wissen, dass die betroffenen Beschäftigten vom Sozialplan vor allem eine materielle Absicherung erwarten. In Bezug auf den Transfer sind die Aufstockung des Kurzarbeitergelds und lange Laufzeiten der Transfergesellschaft noch gut zu vermitteln, aber ein spürbarer Verzicht auf Abfindung zu Gunsten der Ausstattung einer Transfergesellschaft wird von der betroffenen Belegschaft nicht ohne Widerspruch akzeptiert, zumal das Image von Transfergesellschaften angeschlagen ist.

Welche Konsequenzen müssten Ihrer Ansicht nach daraus konkret auf staatlicher, gewerkschaftlicher und unternehmerischer Seite gezogen werden?

Zunächst ist festzustellen, dass in der Praxis Transfergesellschaften den betroffenen Beschäftigten nur als Zusatzpaket zum materiellen Nachteilausgleich vermittelt werden. Das bedeutet, dass die in Sozialplänen festgehaltene Ressourcenausstattung von Transfergesellschaften häufig unzureichend ist, und Sozialpläne enthalten häufig widersprüchliche Anreize. All dies führt tendenziell zu schlechteren arbeitsmarktlichen Ergebnissen, wodurch das Image des Beschäftigtentransfers weiter geschwächt wird: Aus diesem Teufelskreis gilt es auszubrechen. Dies kann nur gelingen, wenn man die Verhandlungen um den Beschäftigtentransfer vom einzelnen Restrukturierungsfall trennt und den Transfer überbetrieblich regelt. Das schwedische Modell der tariflich geregelten Job Security Councils bietet dafür ein gutes Leitbild. Es zeigt weiterhin, welche immense positive Wirkung auf die soziale Sicherheit der Beschäftigten ausgehen kann, wenn der Beschäftigtentransfer in einen hochwertigen, stabilen institutionellen Rahmen eingebettet ist. Leider geht die Entwicklung in Deutschland, zuletzt forciert durch das Beschäftigungschancengesetz, in die falsche Richtung: die Verlässlichkeit des Beschäftigtentransfers – ein wichtiger Parameter für Menschen in kritischen Umbruchsituationen – wurde durch die starke Einbindung der BA in das Transfergeschehen weiter geschwächt.

Stichwort De-Qualifizierung: Wie kritisch sehen Sie eine längere Beschäftigungslosigkeit von Mitarbeitern aufgrund von erfolglosen Transfermaßnahmen; gerade auch vor dem Hintergrund des sich abzeichnenden Fachkräftemangels?

Teilnehmer, die eine qualitativ hochwertige Transferdienstleistung erhalten, gehen in jedem Fall gestärkt aus der Transfergesellschaft heraus – unabhängig davon, ob sie eine neue Stelle bereits angefangen haben oder noch weiter auf der Suche sind. Sie profitieren davon, dass der so genannte Hysterese-Effekt der Arbeitslosigkeit aufgehalten wird, oder dass der Erhalt bzw. der Ausbau der individuellen Beschäftigungsfähigkeit gelungen ist. Die unmittelbare Vermittlung in Arbeit, wie es etwa § 4 SGB III einfordert, kann und darf nicht das einzige Erfolgskriterium sein, sondern der Erfolg von Transfergesellschaften sollte sich an einen umfassenden Komplex sozialer Sicherheit messen lassen. Um einem zukünftigen Fachkräftemangel angemessen begegnen zu können, müsste die Qualifizierungskomponente in Transfergesellschaften gestärkt werden – ob Mittel dafür zur Verfügung stehen, entscheiden nicht die Transfergesellschaften, sondern hängt von betrieblichen Verhandlungsergebnissen ab.

Vielen Dank für das Gespräch.

„Betroffene Mitarbeiter zahlen oft doppelt“ – Drei Fragen an *Dr. Hilmar Schneider*

***Dr. Hilmar Schneider* ist Direktor am Institut zur Zukunft der Arbeit (IZA), Bonn**

Herr Dr. Schneider, Sie gelten als prominenter Kritiker des Einsatzes von Transfergesellschaften. So bezeichneten Sie diese in einem Interview mit der Wirtschaftswoche u.a. als „Geldverschwendung“.[43] Was bewog Sie zu diesem Urteil?

Nun, erst einmal ist das Instrument Transfergesellschaft sicherlich nicht per se schlecht, gleichwohl habe ich als Wissenschaftler meine Bewertung nur an der Empirie zu orientieren. Und auch wenn es einzelne Anbieter geben wird, die einen guten Job machen, so frage ich mich aufgrund der ermittelten Durchschnittswerte dann erst umso mehr, wie viele schwarze Schafe es dann erst an diesem Markt geben muss. Mir ist keine einzige Untersuchung bekannt geworden, welche nachweist, dass Transfergesellschaften bessere Vermittlungsquoten aufweisen als die jeweiligen Agenturen für Arbeit, sich gleichwohl aber deutlich kostenintensiver darstellen. Und da komme ich auch schon zum eigentlichen Punkt meiner Kritik, denn die durch die Errichtung und Unterhalt von Transfergesellschaften anfallenden Kosten werden in der Regel finanziert von den betroffenen Mitarbeitern, nämlich über Kürzungen von deren Abfindungen. Das bedeutet, dass die entlassenen Mitarbeiter gleich doppelt betroffen sind; zunächst verlieren sie ihren Arbeitsplatz und schließlich sogar noch ihre Abfindung, oder aber wesentliche Teile dessen, zugunsten einer Maßnahme, die ihnen nichts bringt. Da stellt sich mir ganz einfach die Frage nach der Sinnhaftigkeit einer solchen Maßnahme für die Beschäftigten – und deren Vertreter.

Weshalb stellen Transfergesellschaften dann dennoch ein häufig eingesetztes Instrument bei Betriebsänderungen dar?

Nun, dazu muss man wissen, dass sehr viele Transfergesellschaften sich in der Hand von Gewerkschaften bzw. gewerkschaftsnahen Organisationen befinden und dass die über den Einsatz mitentscheidenden Arbeitnehmervertreter in den Unternehmen überwiegend gewerkschaftlich organisiert sind, so dass hier möglicherweise unterschiedliche Interessenslagen berücksichtigt werden müssen. Ob hier mehrheitlich vorsätzlich oder aber nach bestem Wissen und Gewissen entschieden wird, entzieht sich meiner Kenntnis. Ansonsten habe ich keine Erklärung, weshalb viele Betriebsräte sich bei Betriebsänderungen regelmäßig offensiv für Transfergesellschaften als Maßnahme einsetzen. Für Unternehmen ergibt sich daraus dagegen durchaus eine gewisse Logik gerade auch in lukrativer Hinsicht, wenn durch die Einigung oft langwierige rechtliche Auseinandersetzungen vermieden werden und der Personalabbau so sehr viel geräuschloser umgesetzt werden kann.

Der Branchenverband der BVTB eV. wirft Ihnen vor, „dass Dr. Schneider und das IZA unter dem Präsidenten Klaus Zumwinkel die Qualitätsentwicklung der Transfergesellschaften, die sich in den letzten Jahren (...) vollzogen hat, bewusst ausblenden“ würden und bestreitet zudem die Validität Ihrer Zahlen. Hat sich die Branche seit dem vernichtenden

Zeugnis, welches Sie ihr in der IZA Studie 2006 ausgestellt hatten, nicht grundlegend verbessert?

Richtig ist, dass die empirischen Erkenntnisse, auf die ich mich als Wissenschaftler immer zu berufen habe, aus 2006 stammen, ganz einfach weil keine neueren Zahlen vorliegen. Wenn der Verband der Meinung ist, es haben maßgebliche qualitative Veränderungen stattgefunden, so möge er diese doch bitte in Form von harten Zahlen auch auf den Tisch legen. Bereits des Öfteren habe ich angeboten, mich gerne von aussagekräftigen Zahlen überzeugen zu lassen. Ich wäre dann der Erste, der dazu bereit wäre! Leider sind alle meine diesbezüglichen Angebote auch von den entsprechenden Branchenvertretern stets galant im Sande verlaufen gelassen worden und ich frage mich, warum wohl? Das einzige was geschehen ist, ist eine Art Ehrenkodex des Verbandes, worin sich die kaum zwei Dutzend darin organisierten Mitgliedsunternehmen auf Qualitätsmaßstäbe verpflichten, welche aber letztlich wenig mehr bedeuten als eine Verpflichtung zu vernünftiger Arbeit, was man also ohnehin erwarten können sollte. Solange also keine empirischen Nachweise vorliegen, aus denen klar eine, verglichen mit den lokalen Agenturen für Arbeit, deutlich gesteigerte Vermittlungsquote hervorgeht, sehe ich im Instrument Transfergesellschaft ein teures und insbesondere für die betroffenen Mitarbeiter überflüssiges Instrument.

Vielen Dank für das Gespräch.

„Fürsorgepflicht ernst nehmen“ - Drei Fragen an *Dr. Georg Neuwert*

***Dr. Georg Neuwert* ist Leiter Personalbetreuung Leitende Angestellte der Allianz AG**

Herr Dr. Neuwert, Stichwort demographischer Wandel und Change Management: Wie ist die Situation und welche Rolle spielt der Einsatz von Outplacement bei Freisetzungen in Ihrem Hause?

Wie die gesamte Republik spüren auch wir in der Allianz Deutschland den demographischen Wandel. Aufgrund des starken Personalanteils aus den sogenannten Babyboomer-Zeiten der sechziger Jahre kommt auch unsere Belegschaft mehr und mehr in die Jahre. Verstärkt wird dieser Effekt durch die Anhebung des gesetzlichen Renteneintrittsalters sowie der Tatsache, dass die geringe Geburtenrate die Personalersatzbeschaffung zunehmend erschweren wird. Um diesem breiten Problembereich auf den Grund zu gehen und Lösungsansätze erarbeiten zu können, haben wir in der Allianz Deutschland unsere langfristige Personalplanung von drei auf zehn Jahre ausgeweitet. Ein Ergebnis aus den Simulationen war beispielsweise, dass sich der Anteil der über 50-jährigen in den nächsten 10 Jahren verdoppeln wird. Um eine leistungsfähige Personalstruktur zu sichern, haben wir zahlreiche Maßnahmen ergriffen.

Diese reichen von der Entfristung von ehemaligen Auszubildenden, verstärkten Ausbildungs- und Personalmarketingaktivitäten über strukturiertes Talentmanagement bis hin zur Förderung älterer Mitarbeiter. Aber auch die Vereinbarkeit von Familie und Beruf sowie das Thema Frauenförderung können helfen, qualifizierte Mitarbeiter im Unternehmen zu halten. Spannend ist auch die Frage, ob eine alternde Belegschaft Auswirkungen auf die Produktivität der Allianz Deutschland hat. Zwar kommen mit dem Alter regelmäßig auch gesundheitliche Beschwerden, doch muss das nicht bedeuten, dass ältere Mitarbeiter weniger leistungsfähig sind. Wir wollten das genauer wissen und haben deshalb in Zusammenarbeit mit der Uni Mannheim eine Studie gestartet, anhand derer wir Optimierungsansätze bei der Gruppenzusammensetzung erarbeiten sowie frühzeitig Handlungsmöglichkeiten identifizieren möchten. Was das Thema Outplacement anbelangt, sind wir in der glücklichen Lage, hiervon eher selten Gebrauch machen zu müssen. Es kommt den Beteiligten zugute, dass allein die Allianz Deutschland mit über 31.000 Mitarbeitern und den verschiedenen Geschäftsfeldern zahlreiche Einsatzmöglichkeiten hat, um wechselwilligen Mitarbeitern neue Perspektiven anzubieten. Daneben gibt es noch den Arbeitsmarkt der Allianz Gruppe im In- und Ausland.

Natürlich kann vereinzelt trotzdem als „ultima ratio“ eine Trennung erforderlich werden. Im Bedarfsfall bieten wir insbesondere den leitenden Mitarbeitern eine Outplacement-Beratung an. Auch hier nehmen wir unsere Fürsorgepflicht als Arbeitgeber ernst. Wir arbeiten erfolgreich mit verschiedenen Beratungsunternehmen zusammen. Die positive Resonanz seitens der ehemaligen Mitarbeiter bzw. die gute Weitervermittlungsquote zeigt, dass das Geld gut investiert ist, wobei unter Weitervermittlung das Finden einer Anschlussfunktion in einem anderen Unternehmen bis hin zu einer kompletten Neuorientierung im Leben zu zählen ist, solange damit eine Erwerbsgrundlage geschaffen wird.

Worauf sollten Personalentscheider bei der Auswahl ihrer Outplacement-Partner achten, welches sind für Sie Ausschlusskriterien?

Hier haben wir ganz klare Vorstellungen und Erwartungen an unsere Outplacement-Partner. So müssen die Anbieter gewährleisten, dass in ihren Leistungspaketen Elemente wie Analyse des Trennungsvorgangs, der beruflichen/privaten Situation, der eigenen Fähigkeiten oder Defizite bis hin zu den künftigen beruflichen Zielvorstellungen enthalten sind. Daneben muss der relevante Arbeitsmarkt definiert, gesichtet und eine eigene Vermarktungsstrategie entwickelt werden. Auch die Vermittlung von Basiswissen inklusive Training für eine erfolgreiche Bewerbung muss ein solches Paket beinhalten. Gerade wenn jemand 20 Jahre oder länger in einem Unternehmen verbracht hat, hilft es, Techniken zur Gestaltung eines aussagefähigen Lebenslaufs oder zum Führen eines Bewerbungsgesprächs aufzufrischen.

Des Weiteren erwarten wir vom Beratungsunternehmen, dass es mehrere hochqualifizierte Berater vorzuweisen hat. Zum einen, um einen Berater in räumlicher Nähe sicherzustellen, zum anderen, weil der Erfolg einer Neuorientierung auch von der Chemie zwischen Coach und dem, der gecoacht wird, abhängt. Bezüglich der Beratungsdauer hat sich eine Spanne bis zu einem halben Jahr bewährt. Wichtig ist uns, dass der ehemalige Mitarbeiter durch den Berater angehalten wird, sich aktiv einzubringen und beispielsweise aus den Datenbanken seine Zielfirmen auszuwählen, um auf Jobakquise zu gehen. Kurz gesagt, die Leistungen des Outplacementberaters sehen wir als „Hilfe zur Selbsthilfe und Eigeninitiative“. Letztendlich muss natürlich auch der Preis stimmen. Wir haben ein bestimmtes Budget für einen Standardfall definiert, das für ein solches Leistungspaket reichen soll. Von unseren Outplacement-Beratern erhalten wir in regelmäßigen Zeitabschnitten Informationen über den aktuellen Stand der Beratung, um die erbrachten Leistungen nachvollziehen zu können und zu wissen, wo der Mitarbeiter im Beratungsprozess steht. Uns interessiert, ob die Bemühungen letztendlich erfolgreich waren und wie zufrieden der Einzelne mit der Leistung ist. Dienstleister, die dieses Leistungsspektrum nicht erfüllen, scheiden für uns von vornherein aus.

Welche Vorteile haben Ihrer Meinung nach outplacementbasierte Trennungen für den Arbeitgeber sowie für betroffene Mitarbeiter?

Trennungen sind fast immer schmerzlich, denn neben den rein fach- und sachlichen Aspekten gibt es die menschlich-emotionale Komponente. Bei Trennungsfällen wird seitens des Arbeitgebers verstärkt sachlich-lösungsorientiert herangegangen. Da ist es hilfreich jemand neutralen, der solche Trennungsfälle schon vielfältig erfolgreich gelöst hat, zur Seite zu haben. Aufgrund seiner Neutralität ist ein Outplacement-Berater darüber hinaus glaubwürdiger als etwa ein Linienmanager oder eine Personalfunktion des bisherigen Arbeitgebers. So gewinnt der Mitarbeiter die für die Neuorientierung notwendige Distanz zum bisherigen Arbeitgeber, weitet seinen Blick und eröffnet für seine Zukunftsplanung ganz neue Perspektiven. Daneben verfügen die erfolgreichen Berater über verschiedenste Kontakte und

Marktzugänge, von denen der Arbeitssuchende profitiert. Aus unserer Erfahrung helfen all diese Aspekte den Trennungsprozess konstruktiv zu gestalten und verhindern oftmals lang andauernde juristische Auseinandersetzungen. So profitiert bei einer fair verlaufenden Trennung der Mitarbeiter vom geringeren emotionalen Stress und der Unterstützung des ehemaligen Arbeitgebers, sei es in Form von Referenzen oder anderen, im Nachhinein anfallenden Fragen. Das Unternehmen profitiert insofern, als dass auch scheidende Mitarbeiter als neutrale bzw. sogar positive Meinungsbildner auf dem Arbeitsmarkt auftreten. Denn kein Unternehmen möchte heutzutage einen schlechten Ruf im Umgang mit seinem Personal.

Vielen Dank für das Gespräch.

Hinweis: Allein aus Gründen der leichteren Lesbarkeit wird im Text ausschließlich die männliche Form verwendet.

4 Das Transfermanagement der Zukunft

Von Christian M. Böhnke

Hintergrund: Vom Out- zum ePlacement

Klassische Outplacement-Unterstützung für betriebsbedingt gekündigte Führungskräfte der oberen Managementebenen hat sich in Deutschland mittlerweile weitgehend etabliert. Trotz Herbeiführung einer klassischen Win-Win-Situation bei betriebsbedingten Kündigungen hat sich Outplacement in Deutschland jedoch noch immer nicht flächendeckend durchgesetzt. In der bereits zitierten Studie schreiben Hauff/Alewell über die Bedeutung von Trennungsmanagement in den Unternehmen und resümieren u.a., „dass ein professionelles und proaktives Trennungsmanagement noch lange keine Selbstverständlichkeit ist: Über 40% der Unternehmen geben an, noch keinen hohen Professionalisierungsgrad in diesem Gebiet erreicht zu haben, ca. ein Drittel stimmt der Aussage nicht zu, dass Trennungsmanagement im eigenen Hause proaktiv betrieben und bewusst gestaltet wird." Um Outplacement auch unterhalb der Führungskräfte-Ebene einsetzen zu können, musste diese Dienstleistung deutlich günstiger werden. Mit ePlacement ist seit einigen Jahren eine Transfermaßnahme am Markt, die in der Praxis hierarchieübergreifend deshalb hohe Vermittlungsquoten aufweist, weil sie nicht auf Einzelbetreuung, wohl aber auf organisatorische Kostentreiber verzichtet: Die Beratung findet zeitlich flexibel, auch außerhalb klassischer Bürozeiten, per Telefon und Mail statt. Weil der Berater seinen Arbeitstag nicht mit ein- bis mehrstündigen Beratungsterminen oder Reisezeiten »ausbuchen« muss, ist er auch kurzfristig ansprechbar.

Das Argument, Einzeloutplacement sei nur im unmittelbar persönlichen Verhältnis zwischen Berater und Klient effektiv, wurde von der Praxis längst eingeholt. Tatsächlich findet der Kontakt mit dem ePlacement-Berater weitestgehend über Telefon oder E-Mail statt. Wie beim klassischen Einzel-Outplacement auch, ist das erste Gespräch die Basis jedes Vertrauens. Allerdings bewegt sich ein ePlacement-Klient während dieses und der folgenden Gespräche im vertrauten Umfeld, hat keine Überwindungshürden. Es besteht weniger die Gefahr, dass die Chemie zwischen ihm und dem Berater durch das Erscheinungsbild des Gegenübers bedroht ist. Der Klient „öffnet sich" leichter. Und so beginnt schon mit dem Erstgespräch das „Profiling": Der Berater erarbeitet mit seinem Klienten dessen Stärken und Schwächen. Gemeinsam loten sie aus, wo der Klient beruflich wirklich hin will, welche Alternativen für ihn aufgrund seines Persönlichkeits- und Eignungsprofils wirklich realistisch sind. Erst dann werden der Arbeitsmarkt für die Wunschposition analysiert, auch mit Hilfe des, oft über Jahre hinweg gepflegten, Kontaktnetzes der Berater die Zieladressen erarbeitet, eine Bewerbungsstrategie und dazu passende Bewerbungsunterlagen entwickelt und umgesetzt. Wichtig dabei: Der Berater führt seinen Klienten mit eng getakteten Aufgabenstellungen und regelmäßiger An- und Zusprache. Der Jobsuchende soll möglichst wenig Zeit haben, um in ein Loch zu fallen. Passiert dies dennoch, ist der ePlacement-Berater kurzfristig erreichbar – per Telefon, auch nach den klassischen Bürozeiten. Oder auch während der Arbeitszeit. Weil ein Telefonat oder ein Mailaustausch keine Abwesenheit verlangt, bietet sich ePlacement auch als „on-the-Job-Variante“ an. Wenn klassisches Outplacement abgerufen wird, dann meist nur für hochrangige Middle- oder Top-Manager des Hauses; bei Massenentlassungen kommt aus Kostengründen gelegentlich noch eine Kollektivmaßnahme, meist in Seminarform über einige Tage, zum Einsatz. Zwar wächst der deutsche Outplacement-Markt seit Jahren mit zweistelligen Zuwachsraten, dennoch bleibt dieses Instrument moderner Personalarbeit, wie eingangs berichtet, im Vergleich zum westlichen Ausland immer noch deutlich unterrepräsentiert. Bereits in 2000 hinterfragte der Autor die Gründe für diese Unterrepräsentanz, beobachtete er doch in der Praxis der Outplacementberatung nahezu täglich, wie dieses Instrument oftmals schwerwiegende Konfliktsituationen zwischen Unternehmen und Entlassenem durch Lösung der Kernproblematik zu vermeiden im Stande war. Schnell kristallisierten sich die Kostenintensität von Einzel-Outplacement sowie mangelnde Individualität bei Gruppen-Seminaren als Engpassfaktoren heraus. Mit fachlicher Unterstützung seitens erfahrener HR-Manager und -Consultants unseres Mutterhauses entwickelte der Autor darauf aufbauend ein neuartiges Konzept mit dem Anspruch, durch die Nutzung medialer Kommunikation die durchgehend individuelle Betreuung des Einzel-Outplacements mit dem Kostenvorteil von Gruppen-Maßnahmen zu kombinieren. Dies war die Geburtsstunde von ePlacement-Consulting.

Dieses Buch stellt erstmals ausführlich diese dritte Säule des Outplacement vor, befasst sich auch mit Vorbehalten und möchte, auch anhand verschiedener Beispiele, aufzeigen, dass sich unternehmerische Verantwortung bei Personalanpassungen durch ePlacement, neben den eingangs bereits skizzierten „soft benefits“, sogar unmittelbar rentabel gestalten lässt.

Pioneer in ePlacement – der Beginn

Als der Herausgeber 1999 in das elterliche Outplacementunternehmen eintrat, war das Instrument Outplacement in Deutschland bei Weitem noch nicht flächendeckend bekannt und auf wenige besonders vorausschauende Personaler sowie gehobene Führungskräfte beschränkt. Outplacement wurde ansonsten unisono als mit Outsourcing gleichbedeutend verstanden. Doch auch mit wachsener Bekanntheit wuchs die Verbreitung von Outplacement zwar kontinuierlich über Jahre mit zweistelligen Wachstumsraten, blieb aber, und dies bis heute, auch proportional weit hinter dem Marktvolumen vergleichbarer Nationen des westlichen Kulturkreises zurück. Dies verwunderte mich umso mehr, als dass ich in der beruflichen Praxis, mittlerweile als Leiter der Unternehmenskommunikation tätig, tagtäglich miterleben konnte, wie das Instrument Einzel-Outplacement aus einer für alle Beteiligten, betroffenem Mitarbeiter wie Unternehmen, überaus schwierigen Situation, fast immer eine klassische Win-win-Situation transformierte. Trotz teils verfahrener Situationen konnten die zuständigen Berater regelmäßig verhärtete Fronten klären und auf diese Weise allen Beteiligten zum Nutzen dienen. Statt sich dahinziehender rechtlicher Streitigkeiten, wechselseitiger aus Rachegelüsten heraus motivierter Nachrede und weiterer unschöner Resultate konnten dennoch „einvernehmliche“ Trennungen gestaltet werden. Trotz der im klassischen Outplacement aufgrund der intensiven face-to-face-Betreuung nicht unwesentlichen Kosten konnten alleine durch die damit vermiedenen Kündigungsschutzprozesse diese häufig monetär zumindest egalisiert werden. Ebenso häufig geschah dies aufgrund der durch die hohen Erfolgsquoten im Einzel-Outplacement eingesparten Restlaufzeiten von Arbeitsverträgen. Hinzu kam eine Vielzahl von Fällen, in welchen teilweise selbst sogenannte Härtefälle – die Agenturen für Arbeit sprechen von Menschen mit „Vermittlungshemmnissen" – regelmäßig nicht nur angemessen neu positioniert werden konnten, sondern sich für etwa ein Drittel der Klienten trotz der vorangegangenen Kündigung als Hypothek gar ein Karrieresprung ergab. Diese Fakten, welche sich natürlich nicht nur auf die eigene Tätigkeit im Unternehmen beziehen, sondern anbieterübergreifend zu beobachten sind, sind natürlich kein Zufall. Sie sind vielmehr das Ergebnis jahrelanger Erfahrung von auf das Platzieren von Fach- und Führungskräften spezialisierten Beratern. Obgleich sich das Grundlagenwissen des „Jobhuntings" sicherlich anhand der vielfältigen zu diesem Thema vorhandenen Literatur anlesen ließe, macht doch erst die jahrelange Erfahrung eines Beraters samt dem daraus resultierenden Kontaktnetz und dessen ständige Beobachtung und Beurteilung des Arbeitsmarktes Outplacement so effizient. Diese Kombination aus der beobachteten Leistungsfähigkeit eines personalpolitischen Instrumentes auf der einen Seite und dessen im internationalen Vergleich hierzulande unterrepräsentiertem Wachstum andererseits machten neugierig, sodass ich, frei dem kybernetischen Managementansatz (nach Mewes, EKS)[44] folgend, die Engpassfaktoren im Outplacementmarkt eruierte.

Kostenintensität als Hauptengpassfaktor im Einzel-Outplacement

Das aus diversen persönlichen Feedback-Gesprächen mit HR-Managern, Entscheiderbefragungen und Marktanalysen resultierende Ergebnis war relativ eindeutig. Schnell kristallisierte sich die vermeintlich hohe Kostenintensität klassischer Einzel-Outplacements auf der Unternehmensseite heraus, wenn Unternehmen nicht bereit waren, betriebsbedingt ausscheidenden Mitarbeitern Outplacementberatung anzubieten oder zu gewähren. Befragte man dagegen vom Personalabbau Betroffene, zeigte sich häufig ein Bild der Unkenntnis (des Instrumentes an sich oder aber der sich bietenden Chancen) oder aber der Selbstüberschätzung in Verbindung mit dem Wunsch der Konsumausweitung (durch die erwartete maximierte Abfindung). Während sich entsprechend der gestiegenen Nachfrage in diesem Segment heute der Kenntnisstand zumindest unter den hochrangigen Fach- und Führungskräften deutlich verbessert hat, stellt die seitens vieler betroffener Mitarbeiter angestrebte Abfindungsmaximierung bis heute den Hauptgrund dar, wenn unternehmensseitige Angebote zu einer einvernehmlichen Gestaltung der Trennung durch einen Aufhebungsvertrag ohne Kündigungsschutzklage (und dafür mit der Sicherheit einer Outplacement-Unterstützung, ggf. gepaart mit einer Abfindungszahlung), ausgeschlagen werden.

Abfindungszahlungen lösen keine Probleme

Oft wird vergessen, dass selbst bei der steuerrechtlich oft möglichen „Fünftelung", meist nur wenig mehr als die Hälfte der einstigen Abfindung übrig bleibt. Eine Abfindung (zu vergleichbaren des § 1a KSchG) gepaart mit einem Outplacement, dürfte insbesondere für Arbeitnehmer, die nicht „wie von selbst" überhaupt einen neuen, und dann auch noch angemessenen Job finden, die vernünftigere Wahl sein. Damit bietet sich eine realistische Hoffnung auf eine neue berufliche Perspektive plus „nicht optimale Abfindung" als hierarchieübergreifende Lösung für einen Sozialplan an. Denn auch für Arbeitnehmer ist es heutzutage kritisch, Zeit mit langen Prozessen verstreichen zu lassen. Jeder Monat ohne eine „richtige Beschäftigung“ macht den Wiedereinstieg auf vergleichbarem Niveau schwieriger. Eine bittere Erkenntnis, die z. B. auch Transfergesellschaften nur zur zweitbesten Lösung machen.

Während für das Paket „verhandelte Abfindung plus ePlacement“ vor allem der schnelle Einstieg in eine berufliche Neuorientierung steht, ist für die kündigenden Unternehmensvertreter neben dem personalökonomischen Nutzen vor allem die schnelle Planungssicherheit ein Argument. Benötigt der Personalleiter dafür zusätzlich Zahlen, um auch das Controlling von einer » Kündigung mit ePlacement« überzeugen zu können, lässt sich deren Rentabilität in Anlehnung an Schmeisser auch rechnerisch unterlegen.[45]

Gruppenoutplacement eher Not- denn Ideallösung

Die naheliegende Entwicklung innerhalb der Branche der Outplacementberater ist die Betreuung von Betroffenen als Kollektiv, sprich in Gruppenform. Als sogenanntes Gruppen-Outplacement vermarktete man je nach Anbieter differierende Beratungsansätze, welche die Chancen der entlassenen Mitarbeiter auf eine neue Beschäftigung am externen Arbeitsmarkt erhöhen sollten. Im Wesentlichen handelt es sich dabei um mehrtägige Bewerbungsseminare, gelegentlich ergänzt um Weiterbildungsmaßnahmen wie den sprichwörtlichen MS Office-Kurs oder ähnliche Maßnahmen. Auch sollen vereinzelte persönliche Gespräche zwischen Berater und Bewerber diesem helfen, abseits des bestenfalls gelernten standardisierten Bewerbungswissens Fragen individuell beantwortet zu bekommen. Seriöse Gruppenoutplacement-Anbieter proklamieren heute verstärkt diese Einzelgespräche als Beispiel für den individuellen Charakter ihrer Dienstleistung. Dabei erkennt der versierte Leser auch ohne zusätzliches Hinwirken schnell, dass hier eine „personalpolitische Quadratur des Kreises“ proklamiert wird. Denn: Einziger wirklicher Vorteil von Kollektiv-Outplacementmaßnahmen sind die aufgrund der Gruppenform eingesparten Kosten. Mit jedem Quantum zusätzlicher Individualität in der Betreuung wird dieser Vorteil zwangsläufig ein Stückchen mehr unterminiert – denn der Preisvorteil reduziert sich.

Mangelhafte Individualität bei Kollektivbetreuung

Dazu kommt, dass die Gruppenform einige, teils erhebliche, Nachteile mit sich bringt. So verlangt eine konstruktive Zusammenarbeit der Teilnehmer untereinander zunächst einmal sowohl eine hierarchische Homo- bei ebenso notwendiger fachlicher Heterogenität. Ansonsten gerät die als wechselseitige Unterstützung gedachte Gruppenarbeit innerhalb der Mitarbeiter (wir erinnern uns – der wesentlichste Vorteil von Gruppenoutplacement resultiert aus dem deutlich reduzierten Beratungsaufwand je Bewerber) schnell zum destruktiven Konkurrenzkampf.

Einzelbetreuung als Voraussetzung zur schnellen Krisenbewältigung

Hauptkritikpunkt an der Gruppen-Maßnahme als Transferinstrument jedoch war und ist seitens des Autors bis heute ein anderer. Ein entlassener Mitarbeiter, gleich welcher hierarchischen Zugehörigkeit, braucht unserer festen Überzeugung nach gerade nach einer so tief gehenden Krisensituation wie dem Verlust des Arbeitsplatzes eine durchgehend individuelle Betreuung. Dies beginnt im Idealfall bereits unmittelbar nach Aussprache der Kündigung durch den entsprechenden Verantwortlichen auf Unternehmensseite damit, die entstehenden negativen Emotionen gar nicht erst zur vollen Entfaltung kommen zu lassen. Ganz gleich, ob der entsprechende Mitarbeiter charakterlich nun eher in die Richtung extrovertierter Choleriker oder introvertiertes Mauerblümchen geht – nahezu immer entstehen destruktive emotionale Reaktionen bei einem Arbeitsplatzverlust. Sei die Übermittlung der Botschaft auch noch so professionell vorbereitet und empathisch ausgeführt worden – der Verlust des eigenen Arbeitsplatzes zählt für Psychologen zu den erschütterndsten Erfahrungen im Leben eines Menschen. Dies gilt selbstredend umso mehr für Menschen, welche langjährig und / oder besonders engagiert beschäftigt waren.

Bewältigungsphasen können nur individuell effizient abgemildert werden

Auch wenn Einzel-Outplacement den Betroffenen diese Phasen in der Regel nicht überspringen lassen kann, so fallen diese nicht nur grundsätzlich einmal mitunter deutlich weniger ausgeprägt aus, sondern ein Teil dieser destruktiven Kraft wird meist konstruktiv transformiert: Die schrittweise zielgerichtete Fokussierung auf die Erarbeitung einer neuen beruflichen Perspektive macht die Entlassung zwar nicht vergessen, lässt diese jedoch mehr und mehr in den gedanklichen Hintergrund treten. Doch auch im weiteren Projektverlauf korreliert der Erfolg einer Transfermaßnahme in der Praxis mit dem Maß der stattfindenden individuellen Betreuung.

Individuelle Betreuung als roter Faden im ePlacement

Die Grundlage für den gesamten weiteren Projektverlauf wird, wie später noch ausführlich beschrieben, zunächst einmal mit der sogenannten Status- oder auch IST-Analyse gelegt. Auf Grundlage dieses, im Vokabular der Agenturen für Arbeit auch Profiling genannten, Verfahrens werden im Einzel-Outplacement neben hard facts wie dem bisherigen Ausbildungs- und beruflichen Werdegang auch die psycho- sowie soziographische Prädisposition des Klienten individuell analysiert. Ziel ist es hier, bereits in dieser frühen Phase der Standortbestimmung ein individuell klares Profil des Klienten herauszuarbeiten und auch bereits möglicherweise bislang unentdeckte Schlüsselqualifikationen oder -motivationen herauszufinden, um jene darauf basierenden Zieldefinitionen herauszuarbeiten, ohne die eine angemessene berufliche Neupositionierung, wenn nicht unmöglich ist, so doch zumindest weitegehend einem Lotteriespiel nahe kommt. In diesem Zusammenhang sei an die Seneca zugeschriebene Weisheit erinnert: „Wer nicht weiß wohin er segeln möchte, für den ist kein Wind der Richtige." Eine in Seminarform vorgetragene Anleitung für eine Statusanalyse oder ähnliche im Gruppenoutplacement – zwangsweise! – Anwendung findende Hilfslösungen verdienen m.E. diesen Namen nicht.

Zeitliche Beschränkung weiterer Engpass von Gruppen-Outplacements

Doch auch in der weiteren Zusammenarbeit mit dem Bewerber stoßen Kollektivmaßnahmen zwangsweise schnell an Grenzen. Ein Berater, der in der Regel zwischen zwei und fünf Tage Zeit hat, um 30, 50 oder gar noch mehr Mitarbeitern Bewerbungswissen zu lehren, ist zwangsweise dazu angehalten, sich auf Grundlagenwissen zu beschränken. Der Berater, die Beraterin, *kann* hier einfach keine individuell auf den Einzelnen zugeschnittene Bewerbungsstrategie anhand der zuvor erarbeiteten und gewichteten Ziele konzipieren, geschweige denn diese gemeinsam mit dem Klienten aktiv umsetzen und anschließend anhand der erzielten Resultate feinere oder auch gröbere Nachjustierungen vornehmen. Es ist leicht nachzuvollziehen, dass es in einem solch beschränkten Rahmen auch nicht möglich ist, individuelle, auf die jeweilige Position angepasste Bewerbungsunterlagen zu produzieren oder aufwändigere Instrumente einzusetzen, um zielgerichtet den verdeckten Arbeitsmarkt „zu knacken“. Wenn jedoch, und das sollte auf die Mehrheit der betroffenen Mitarbeiter zweifellos zutreffen, die berufliche Tätigkeit jene ist, mit der auch künftig die meiste Tageszeit verbracht werden wird, so könnte man es durchaus als fahrlässig ansehen, bei einem so wesentlichen Aspekt wie der beruflichen Neuorientierung mit schablonierten Standardlösungen zu verfahren bzw. verfahren zu müssen.

Sind Gruppenmaßnahmen also fahrlässig? Nein, natürlich sind sie dies nicht. Denn im Gegensatz zum letzten, etwas pointiert formuliertem Absatz, sind oder vielmehr waren auch Gruppen-Outplacements zunächst einmal der Versuch, Personalabbau sozialverträglich zu gestalten und zeugen durchaus von einem verantwortungsbewussten Umgang auch mit betriebsbedingt ausscheidenden Mitarbeitern. Auch braucht es eigentlich keiner gesonderten Mitteilung, dass es auch unter den Kollegen der Kollektivtransferdienstleister durchaus viele hervorragende, kompetente und engagierte Berater gibt, die ihr bestmögliches tun. Wenn man jedoch wie Andrzejewski (2002)[46] explizit darauf verweist, dass es sich bei Outplacementberatung um „ein sehr sensibles Feld des Human Resources Management handelt“, bei dem es um „die berufliche Existenz und Zukunft von Menschen“ gehe, verliert die einleitende Fragestellung etwas ihres bewusst provokativen Charakters. Zum einen sollte auch bei Transfermaßnahmen unterhalb des Managements der Grundsatz der Effizienz gelten, zum anderen haben Mitarbeiter, die ohne eigenes Verschulden betriebsbedingt ihren Arbeitsplatz verlieren (werden), es verdient, dass man sich ihrer als Individuum annimmt.

Kollektivbetreuung als Weg der Kostenreduktion

Der eigentliche Kern des Problems, eben die beschriebene u.E. unzureichende Individualität in der Betreuung des Einzelnen, ist gleichzeitig auch der Grund für die Entstehung und den Einsatz von Gruppen-Outplacementmaßnahmen. Denn natürlich kann niemand erwarten, dass ein sich im harten Wettbewerb befindliches, auf Profitmaximierung ausgerichtetes Wirtschaftsunternehmen fünfstellige Summen für Einzel-Beratungen, wie sie im mittleren und gehobenen Management eingesetzt werden, weiträumig einsetzt. Liegt der übliche Mindestsatz einer nicht auf wenige Monate beschränkten Einzel-Outplacement – Maßnahme bei etablierten Anbietern bei etwa EUR 15.000,- , verbietet sich außerhalb besonderer Härtefälle diese Ausgabe ohnehin für einen tariflich entlohnten Mitarbeiter oder gar eine ganze Gruppe.

4.1 Ein neuer Lösungsansatz kristallisiert sich heraus

Die Erkenntnis der Problematik der Kostenintensität bei individuellen Face-to-face-Maßnahmen einerseits und daraus resultierend die kostengünstigen, aber schabloniert ablaufenden Gruppenoutplacements andererseits führte uns dazu, einen bis dato völlig neuen Weg zu entwickeln. Pünktlich zum ersten Platzen der New Economy 1.0, jener ersten Generation von StartUps, bei der Studienabbrecher gelegentlich vorbörslich sechs-, sieben- oder achtstellige Beträge von Investoren einzusammeln imstande waren, sofern der Begriff e-commerce fehlerfrei geschrieben den jeweiligen Businessplan dominierte, war die Idee ePlacement entstanden.

Fachliche Expertise von Anfang an

Sobald die Idee grundsätzlich entwickelt schien, bat ich erfahrene Berater unserer Muttergesellschaft um kritische Beurteilung und fachliche Unterstützung. Ging es bei der Entwicklung bislang zunächst um konzeptionelle und allgemeine Fragen, ergab sich nun die Phase der Weiterentwicklung und Ausgestaltung aus fachlicher Sicht. Dabei habe ich von den Kollegen in den darauffolgenden eineinhalb bis zwei Jahren viel im Hinblick auf die operative Beratung von Menschen via Telefon und Internet gelernt, gerade auch aus kommunikationspsychologischer Sicht. Nach Abschluss einer ersten „praxisnahen Testphase“ – zuvor lag lediglich die Hypothese auf dem Tisch, Einzel-Outplacement via Telefon und Internet müsste kostensparend möglich sein – übertrafen die Resultate unsere eigenen Prognosen.

„Eat that frog“ – beginnen wir mit dem Härtetest!

Aufgrund der geringen bis kaum vorhandenen Akquisitionshürde, aber auch um in der Praxis mit dem Härtetest der Leistungsfähigkeit des Konzeptes ePlacement zu beginnen starteten wir mit der Betreuung von Langzeitarbeitslosen in Besitz des sogenannten „Vermittlungsgutscheins“ (vgl. § 421g SGB III). Bereits nach wenigen Wochen zeichnete sich ab, dass unser Konzept der virtuellen Führung aufgehen würde: Selbst Klienten, die neben oft jahrelanger Arbeitslosigkeit oft noch weitere „Vermittlungshemmnisse“ wie Ausbildungsdefizite, Alter, in Einzelfällen gar Alkoholismus, etc. mit sich herumtrugen, wurden regelmäßig von unserem rasch wachsenden Beraterteam beruflich neu positioniert. Einschränkend sei an dieser Stelle erwähnt, dass all diese Klienten sich bei uns freiwillig zumeist über unsere Internetseite gemeldet hatten. Der klassische langzeitarbeitslose Klischee-Drückeberger, der sich in der Regel frustriert bis resigniert im Sozialsystem eingerichtet hat, fiel somit von vornherein aus der durch uns betreuten Klientel heraus. Klienten, die wir im Internet angesprochen haben, brachten nahezu vollständig jene einzige Voraussetzung mit, ohne die weder ePlacement noch sonst irgendeine Transfermaßnahme erfolgreich sein kann: Die grundsätzliche Bereitschaft, wieder arbeiten zu gehen. Zwar ist ein kompetenter Berater sehr wohl in der Lage, durch Empathie und individuelle Führungsarbeit gegebenenfalls „verschüttete“ Motivation und Arbeitsbereitschaft neu zu erwecken. Liegt jedoch eine tieferliegende Ablehnungshaltung vor, die nicht monetär begründet ist, sind selbst psychologisch versierte Outplacementberater meist machtlos. Hier ist dann oft zunächst eine systematische Alkohol-, Drogen-, und / oder Psychotherapie notwendig, bevor die Positionierungsarbeit erfolgreich sein kann.

Nachdem trotz optimistischer Erwartungen im Vorfeld unsererseits das Konzept in der Praxis unsere Prognosen schon bald deutlich überstieg, waren wir in einem guten Jahr soweit, dass wir von einer gelungenen Markteinführung sprechen konnten. Aufgrund der langjährigen Erfahrung unserer Unternehmensmutter als Outplacement-Partner von Firmenkunden entschlossen wir uns, ab sofort in den klassischen Markt für Transfermaßnahmen aufzubrechen. Hier erwartete uns im Regelfall eine Klientel mit einer deutlich besseren Ausgangsposition (wobei Ausnahmen auch hier die Regel bestätigen, beispielsweise wenn gekündigte Mitarbeiter ihre Aufnahme in eine Transfergesellschaft bei geringfügig gemindertem Einkommen als bezahlte einjährige Auszeit fehlinterpretieren). Hinzu kam, dass der oft zermürbende Kampf mit den damaligen Arbeitsämtern um die Entlohnung entfiel. So blieben wir bei geschätzten 20 % der abgerechneten Gutscheine aus bürokratischen Gründen auf unseren entstandenen Kosten sitzen, sprich eine Auszahlung wurde uns verweigert, zum Beispiel, wenn der neue Arbeitgeber einer unserer bislang arbeitslosen Klienten sich weigerte, schriftlich zu bestätigen, dass die „Vermittlung“ durch unser Hause zustande gekommen ist – und wie sollte dieser dies bestätigen können, ohne in der Regel je selbst direkten Kontakt zu unseren Beratern gehabt zu haben. Auch wenn gelegentlich den Entscheidern in den zuständigen Ämtern eine Versicherung des der Arbeitslosigkeit entflohenen Klienten ausreichte, so glich die Prognose doch regelmäßig einem Roulettespiel, letztlich „gewinnt“ die Bank (in diesem Falle jene des jeweiligen Arbeitsamtes).

Dennoch war diese Phase elementar für die Weiterentwicklung unseres Konzeptes ePlacement unter sogar verschärften praktischen Bedingungen. Die Idee wurde zur Erkenntnis: Outplacement (wobei in diesem Falle ganz besonders wohl eher der Begriff Newplacement angemessen wäre – aus dem Job „draußen“ waren die Arbeitssuchenden bereits) braucht zwar individuelle Betreuung – diese musste aber nicht obligatorisch face-to-face stattfinden. Nach einer ersten, überaus vielversprechenden Praxis-Phase und der des ambitionierten Experimentierens wuchs bei uns parallel der Wunsch nach weiterer methodischer Strukturierung und inhaltlichen Feintunings. In jedem Fall aber ist uns damals bereits eines klar geworden: Das Internet hatte Einzug gehalten in die damals 40-jährige Outplacement-Beratungskultur.

4.2 Online-Beratungspraxis offenbart ihr Potenzial

Sahen wir bislang in der durch die Kosteneinsparungen des virtuellen Kontaktes ermöglichten Individualbetreuung den einzigen Vorteil des e-Outplacements, so addierten sich in der Praxis weitere hinzu. So erlaubt beispielsweise der (damals) noch nicht vorhandene visuelle Kontakt zwischen Berater und Klient ein besonderes Maß an potenziellem Wechsel der Rollen zwischen Nähe und – vermeintlicher oder echter – Distanz. Gerade Klienten, die es gewohnt sind, Ihre Probleme alleine zu bewerkstelligen, empfinden beispielsweise oft Hemmungen davor, sich gegenüber einem Externen zu öffnen. Gerade dies ist jedoch eine grundlegende Voraussetzung, um den Blick wieder nach vorne auszurichten. Ohne face-to-face-Kontakt fällt vielen Menschen dieser Schritt, gerade zu Beginn der Zusammenarbeit, deutlich leichter. Einen weiteren wesentlichen Vorteil entdeckten wir durch die Kontaktaufnahme eines späteren Klienten mit etwa EUR 400.000,- Jahreseinkommen. Die individuelle Betreuung durch den künftigen Coach wurde selbstredend vorausgesetzt, die anfallenden Kosten spielten keine oder, wenn überhaupt, dann eher eine sehr untergeordnete Rolle. Der Klient, ein vielreisender Vertriebsvorstand eines IT-Unternehmens, erkannte für sich ganz andere Beweggründe für die Entscheidung zugunsten ePlacement: flexible Betreuung durch seinen Berater – weitgehend unabhängig von Zeit(zone) und Aufenthaltsort.

Nun erfordert die Positionierung von Klienten aus dem Top-Management zweifelsfrei spezialisierte Kompetenz in diesem Bereich, welche wir aufgrund unserer auf Executive Placement spezialisierten Muttergesellschaft vorweisen konnten; dennoch zeigte uns dieses Projekt potenzielle neue Einsatzmöglichkeiten von ePlacement auf. Deutlich wurde uns aber auch, dass das world wide web dabei war, sich zu einem Alltagsmedium breiter Bevölkerungs- und damit Arbeitnehmerschichten zu entwickeln.

> „Nach nunmehr zehn Jahren Markterfahrung stehen die Erfolgsquoten im ePlacement nur unwesentlich hinter denen zurück, welche klassische Einzel-Outplacementberater für ihre um ein Vielfaches kostenintensivere Dienstleistung publizieren."

4.2.1 Vorbehalte gegen die virtuelle Kommunikation

Gab es, interessanterweise fast ausschließlich seitens Angehöriger älterer Generationen, gerade zu Anfang einer Maßnahme durchaus eine gewisse Skepsis bezüglich der Durchführung einer im Normalfall mehrmonatigen Outplacementbetreuung, ist davon meist schon nach kurzer Zeit keine Rede mehr, wenn sich erste Resultate der Zusammenarbeit abzeichnen, wie zum Beispiel positive Veränderungen der Klienten hin zu einem proaktiven Vorgehen. Zunächst überwog allerdings eine skeptische Grundhaltung. Es wurde, nicht zuletzt auch von Vertretern der klassischen Outplacementbranche, bestenfalls in Frage gestellt, dass ein professionelles, erfolgreiches Outplacement auch über medialen Kontakt möglich sei. Zwar sei es „verständlich, dass die Internetgeneration" überprüfe, was alles machbar sei im Netz, aber: „Eine Outplacementberatung nach unserer Definition im Internet ist allerdings nicht machbar" Der genannte Grund: Der Erfolg dieses Instruments basiere auf dem persönlichen Austausch zwischen Klienten und Berater und den kreativen Ideen des Beraters.[47] Weshalb insbesondere die letztere Begründung ein Ausschlusskriterium darstellen sollte, sei einmal dahin gestellt.

Immerhin räumt aber auch der damalige Vorsitzende der BDU-Fachgruppe Outplacementberatung anschließend noch ein, dass sich Outplacement wandle. (Inwieweit hier seitens der Kritiker, zumeist etablierte Anbieter am Outplacementmarkt, Eigeninteressen als tangiert angesehen werden, sei dem geneigten Leser zur Beurteilung überlassen.)

> „Sprich, damit ich Dich sehen kann“
>
> *Sokrates*

Auch wurde vereinzelt die Befürchtung geäußert, dass Online-Beratung im Allgemeinen zu einer größeren Unverbindlichkeit des Kontaktes zwischen Berater und Klienten führe und gerade auf Seiten der Klienten in der Folge „eine Art Fast Food Beratung“ entstehen könnte, „die kurzfristig den Hunger stillt, ohne satt zu machen“.[48] Nun mag es möglicherweise innerhalb des breit gefächerten Spektrums von Beratungsangeboten im Internet durchaus auch solche geben, auf welche diese Aussage zutreffend ist. So ist es, schon aufgrund der Vielzahl an Online-Beratungsangeboten durchaus wahrscheinlich, dass einzelne Anbieter nicht über die ausreichende notwendige fachliche, persönliche sowie technische Qualifikation für ihr jeweiliges Beratungsangebot verfügen oder aber auch, dass dieses einfach andere Formen des Kontaktes benötigt, was in erster Linie bei therapeutischen Angeboten der Fall sein dürfte.

Zumindest für die von uns praktizierte Online-Outplacementberatung lässt sich diese Annahme aufgrund der unmittelbar in Zahlen quantifizierbaren Messbarkeit der Erfolge jedoch glücklicherweise leicht widerlegen. Nach nunmehr zehn Jahren Markterfahrung stehen die Erfolgsquoten im ePlacement nur unwesentlich hinter denen zurück, welche klassische Einzel-Outplacementberater für ihre um ein Vielfaches kostenintensivere Dienstleistung publizieren. Aufgrund der Abhängigkeit von soziodemografischen Faktoren der jeweiligen Klientel, sowie dem Ausmaß vorhandener Vermittlungshemmnisse, wäre es schlicht unseriös, hier konkrete Werte zu postulieren, da für eine tatsächliche Aussagekraft jeweils Referenzwerte anderer Transfermaßnahmen notwendig wären. Von daher lässt auch die beispielsweise im Rahmen eines Großprojektes für ein DAX-Unternehmen erzielte Erfolgsquote von 92 % (bei einer durchschnittlichen Projektlaufzeit von nur 4,65 Monaten) lediglich die Aussage zu, dass virtuelles Outplacement grundsätzlich möglich ist; nicht aber, ob es besser oder schlechter sei als andere Transfermaßnahmen.

Gleichwohl sei an dieser Stelle auch eingeräumt, dass das Ergebnis mit 55jährigen Beamten (aufgrund der Unkündbarkeit dann mit dem Ziel der Abordnung oder Zuweisung) sicherlich ein anderes gewesen wäre. Wesentlich jedoch ist die Erfahrung in der Praxis, die eindeutig zeigt: ePlacement funktioniert, und zwar sehr erfolgreich. Dass Online-Kommunikation aber aufgrund der immanenten technischen Logik tatsächlich aber nicht, oder zumindest nicht zwangsläufig, zu einer Verarmung des persönlichen Kontaktes im Beratungskontext führt, zeigen auch unsere Auswertungen von Klientenfeedback, von denen sich eine Auswahl im Anhang findet. Obgleich sich Berater und Klient gar nicht, oder zumindest nicht regelmäßig face-to-face (angesichts der eingesetzten Video-Meetings ohnehin ein eher suboptimaler Begriff!) gegenüber gesessen haben, sondern medial miteinander kommunizierten, entstehen dabei regelmäßig enge Beziehungen, die mitunter noch lange nach Projektabschluss bestehen blieben. Immer wieder berichten neue Berater nach einem späteren Treffen, sie seien in beeindruckender Weise bestätigt in ihrer Einschätzung der Person, welche sie bis dato nur online kennengelernt hatten.

4.2.2 Das Prinzip der kognitiven Dechiffrierung

Verschiedene Studien zeigen, dass ein auch halbwegs empathisch-sensibler Mensch in der Lage ist, sich aus wenigen Fragmenten ein Bild zu erschaffen, welches erstaunlich deckungsgleich mit dem tatsächlichen ist. Natürlich entspricht das aus einzelnen Informationsfragmenten (und deren automatischen Abgleich mit bereits vorhandenen Informationen) resultierende Bild nicht unbedingt auch der Realität, unsere Erfahrung zeigt jedoch eindeutig, dass dieses Bild des Klienten jedoch, trotz der online meist insgesamt weniger aufgenommen Gesamtinformationen, nahezu identisch ist mit jenem, welches bei einem persönlichen Treffen entsteht. Das bedeutet, dass weniger die Wahl der Kommunikationsform für Erfolg oder Misserfolg einer (Outplacement-)Maßnahme verantwortlich ist denn die persönliche, fachliche und methodische Kompetenz des jeweiligen Beraters. Nun wird dieser Erfahrungswert natürlich durch verschiedene subjektive Faktoren verfälscht, sodass diese Behauptung nicht ohne dazu notwendige empirische Untersuchungen als allgemeingültig angesehen werden kann. Und das beschränkt sich keineswegs auf den kommunikativen Kontext bei Personen, wie das folgende Beispiel zeigt:

"Luat enier Sidtue an eienr elgnhcsien Uvrsnäiett, ist es eagl, in wcheler Rhnfgeeloie die Bstuchbaen in eniem Wrot snid. das eniizg Whictgie ist, dsas der etrse und der lztete Bstuchbae am rtigeichn Paltz snid. Der Rset knan deiuranchnedr sien und man knan es ienrmomch onhe Porbelm lseen. das legit daarn, dsas wir nhcit jeedn Bstuchbaen aeilln lseen, srednon das Wrot als gzanes."

Das Phänomen des obigen im Internet kursierenden Textes geht auf eine linguistische Studie des englischen Sprachwissenschaftlers Graham Rawlinson zurück.[49] Obgleich der Text unter normalen grammatikalischen Aspekten betrachtet eigentlich nicht zu entziffern ist, haben die allermeisten Muttersprachler kaum Probleme, anhand der vorhandenen Fragmente die Botschaft korrekt zu entziffern. Je ausgeprägter die Lesekompetenz beim Empfänger der Botschaft ist, desto leichter gelingt es ihm natürlich, aus punktuellen Einzelinformationen die wesentliche Botschaft bzw. das Gesamtbild zu erschließen. Im obigen Beispiel ist es dabei die Wortsilhouette, sprich der erste und der letzte Buchstabe eines Wortes. In der lernpsychologischen Literatur wird der Einfluss der Wahrnehmung durch vorhandenes Wissen, Konzepte, Erwartungen und Hypothesen als top-down Verarbeitung, hypothesen- bzw. konzeptgeleitete Wahrnehmung sowie kognitive Korrektur bezeichnet (nach Möbes, 2004)[50] Ähnlich der aus der Lernpsychologie bekannten zunehmenden Ausbildung eines arithmetischen Wissens, bestehend aus assoziativen Verknüpfungen der Zahlen, nach wiederholtem Lernen, spielt auch in der Beratung die persönliche Erfahrung eine wichtige Rolle. Dies gilt wiederum unabhängig vom Weg der Informationsgenerierung (telefonisch, online oder persönlich).

Natürlich wird die Dechiffrierung von Informationen auch von subjektiven Faktoren beeinflusst. Im obigen Beispiel des Buchstabensalates würde ein zuvor wahrgenommener Begriff des selben ihm vom Empfänger zugewiesenen Bedeutungsbereiches („Semantischer Hof") das Entziffern deutlich beschleunigen. So erkennt der Empfänger das Wort Hund deutlich schneller, wenn er zuvor den Begriff Katze aufgenommen gelesen hat[51] (vgl. Schmidt, Katja in: Telepolis, 24.09.2003). Jedoch zeigt Möbes (2004), dass dieser kognitive Korrekturprozess der Dechiffrierung „eine zeitliche und räumliche Dynamik aufweist: Je weniger kontextuelle Informationen zur Verfügung stehen und je weniger die akustischen Signale mit internen Erwartungen übereinstimmen, um so länger dauert der Korrekturprozess (...)".

Mangels vorliegender entsprechender empirischer Untersuchungen lässt sich die Projektionsfähigkeit auf den Bereich Outplacement („e" versus f-t-f) wissenschaftlich nicht belegen. Und auch wenn der Autor dieser These eine gewisse Glaubhaftigkeit nicht abstreiten möchte, so wäre der um den haptischen Aspekt reduzierte Kommunikationsprozess im ePlacement ein Nachteil, der angesichts der auf der anderen Seite der Waagschale befindlichen Vorteile zu vernachlässigen wäre. An dieser Stelle sei daran erinnert, dass wir bei der Entwicklung von ePlacement dieses keineswegs für den Wettbewerb zum klassischen Einzel- oder Executive Placement konzipierten, sondern als effiziente Alternative zum Gruppen-Outplacement. Und auch wenn die Praxis gezeigt hat, dass sich die Vermittlungsquoten im ePlacement in der Regel durchaus mit jenen des klassischen Einzel-Outplacements messen lassen, so hat der Autor kein Problem damit, ePlacement als zweiteffektivstes Transferinstrument zu positionieren – dafür aber als das Beste, welches hierarchieübergreifend einsetzbar ist.

Menschen mit ausgeprägt-haptischem Kommunikations- und Lernverhalten als Ausnahmefälle

Natürlich gab und gibt es bis heute gelegentlich auch in ePlacement-Maßnahmen Menschen, welche sich nahezu ausschließlich im persönlichen face-to-face-Meeting „aktivieren" lassen, in der Regel Menschen mit einem stark ausgeprägten visuell-haptischen Kommunikations- und Lernverhalten. Diese sind aber unserer Erfahrung nach aufgrund ihrer geringen Anzahl eine kaum relevant geringe Gruppe von zwei bis vier Prozent. Als wesentlich elementarer als die Wahl des Kommunikationsmittels hat sich dagegen die engmaschige Führung des Klienten durch den Prozess der Neupositionierung gezeigt.

4.2.3 Schlüsselelemente virtueller Kommunikation

Nach einer Zahl von nunmehr hunderten erfolgreich betreuten ePlacement-Klienten ergibt sich als wohl *der* elementare Faktor für eine erfolgversprechende Zusammenarbeit mit dem Klienten die Führungs- und Kommunikationskompetenz des Beraters, gepaart mit dessen hohem Maß an Empathie. Gerade der Führungsfähigkeit gilt dabei eine besonders große Aufmerksamkeit bei der Auswahl unserer Berater, gilt doch üblicherweise während des gesamten ePlacement-Prozesses für Berater der Grundsatz von der „Klienten-Führung an der langen Leine".

„Teams ohne Heimat brauchen Führung"[52]

Dieses Zitat spiegelt punktgenau die sogenannte „Key Issue" eines jeden Outplacement-Projektes wider, unabhängig davon, in welcher Form es praktiziert wird (damit offenbart sich auch wieder der eigentliche Schwachpunkt von Kollektiv-Maßnahmen, denn effektive Führung bedingt nahezu zwangsläufig Individualität). Ein nach der Freisetzung frisch vereintes Team eint zunächst allein das gemeinsame Ziel der beruflichen Neupositionierung des Klienten, welcher dabei, seiner „beruflichen Heimat beraubt", in der Regel orientierungslos auf die Anleitung durch seinen Teamgefährten angewiesen ist. Dies gilt in der Praxis meist solange bis die gemeinsam erarbeitete Perspektive dem Klienten als neuer Orientierungspunkt dient. Ist dieses Etappenziel erreicht, ist die „Bergspitze erklommen" – von nun an wird es sehr viel leichter und die virtuellen Meetings können meist zugunsten eines rein elektronischen Austausches etwas reduziert werden.

Skype, Videotelefonie und -chats: Technik überwindet visuelle Grenzen

Noch zu Zeiten, als eine DSL-Internetverbindung keineswegs allgemeiner Standard in Deutschlands Haushalten war, zeigte sich schnell, dass schon die (bis heute regelmäßig stattfindende) Kommunikation zwischen dem freigesetzten Mitarbeiter und seinem ePlacement-Berater via gutem, altem Telefon potenziell geeignet ist, Distanzen zu überbrücken und eine vertrauensvolle Arbeitsgrundlage aufzubauen – so denn dem Ziel dienlich. Mit dem flächendeckenden Ausbau des DSL-Netzes erhielt schließlich auch die Videokonferenz Einzug in die Palette der im ePlacement Anwendung findenden Kommunikationsmittel. Während insbesondere in international aufgestellten Unternehmen der Einsatz dieses Instruments der flexiblen und kostensparenden Kommunikation mittels einer Gleichschaltung diverser ISDN-Leitungen schon lange vor dem DSL-Standard üblich war und ist, ermöglichen Videokonferenzen nun erstmals „virtuelle face-to-face-Meetings" im Outplacement.

Ein besonders interessanter Aspekt videobasierter Klientengespräche ist dabei das Verhalten des Klienten vor der Kamera, welches Persönlichkeitsmerkmale oft schneller und eindeutiger verdeutlicht als die meisten psychologisch noch so ausgereiften personaldiagnostischen Instrumente. In Abhängigkeit von Persönlichkeit, Konzentrationsfähigkeit oder aber der Gewöhnung des Klienten an diese Form der Kommunikation, beispielsweise durch intensive Nutzung im privaten oder beruflichen Bereich, lassen sich unterschiedliche Verhaltensgrundmuster feststellen. So ist es immer wieder erstaunlich, was die Anwesenheit einer kleinen Kamera in den meisten Menschen auslösen kann (und wohl jeder, der einmal insbesondere im Rahmen einer Live-Sendung im TV war, wird dies nachempfinden können). Selbst ausgesprochen selbstsicheren Fach- und Führungskräften, die es häufig sogar gewohnt sind, vor Gruppen zu sprechen, fällt es regelmäßig schwer, sich ihre Anspannung nicht anmerken zu lassen. Auch wenn aus diesem Verhalten nicht notwendigerweise auf persönliche Eigenschaften geschlossen werden kann, so erlebt der Berater jedoch seinen Klienten (und wir behaupten an dieser Stelle, sogar mehr noch als im persönlichen Erstgespräch!) in einer authentischen Stresssituation, ähnlich dem eines Bewerbungsgespräches in der Praxis. Die im Vergleich zum Gespräch mit dem Personalentscheider reduzierte Notwendigkeit, sich gegenüber seinem Berater bestmöglich verkaufen zu müssen, wird dabei regelmäßig (über)kompensiert durch die Anwesenheit der Kamera als Stressor. Die technisch basierte visuelle Kommunikation nimmt hier oftmals die Funktion eines Vergrößerungsglases ein.

Ähnliches beobachten wir in der Praxis regelmäßig bei den Dreharbeiten zu den Bewerber-Kurzvideos, welche wir in unserem Hause als Vermarktungstool für unsere Klienten produzieren und einsetzen. Obgleich bestens durch den jeweiligen Berater vorbereitet und in professionellen Studios produziert, wo einzelne misslungene Filmsequenzen umgehend weggeschnitten werden, gleicht es häufig einem Balanceakt, doch noch ein halbwegs brauchbares Bewerbungsvideo zu produzieren. Eine andere Ausdrucksweise der Anspannung in der Videokonferenz ist das schiere Starren auf das Bild des Gegenübers, (im Falle der Bewerbungsvideoproduktion auf das des Beraters oder des Produzenten) anstelle des Blicks direkt in die Kamera, welches quasi die virtuelle Version des vermiedenen Augenkontakts darstellt. Viel wichtiger noch als diese „kamerabedingten Anspannung" ist das gegenteilige Verhalten der Dekonzentration. Wenn Klienten vergessen, dass sie beobachtet werden, sei es aufgrund mangelnder Konzentrationsfähigkeit und/oder leichter Ablenkbarkeit bzw. geringer Impulskontrolle, kann ein Berater seinen Klienten abseits seiner angelernten Verhaltensweise und persönlicher Fassade betrachten, was ebenfalls sehr häufig interessante Rückschlüsse zulässt, welche insbesondere im Rahmen der Statusanalyse und der, darauf basierenden, Zieldefinition, aber auch für die Motivationsförderung hilfreich sein können. Interessanterweise ist ein solches Abschweifen des Klienten keineswegs auf eine bestimmte Klientel festgelegt, sondern ist sowohl bei Menschen, welche den Umgang mit diesem Kommunikationsmittel gewohnt sind als auch bei solchen, welche dieses erstmalig nutzen, zu beobachten.

4.3 „iPlacement": Den Berater in der (Hosen-)Tasche

Telefonie ohne Sichtkontakt behält ihre Berechtigung

Dennoch sei an dieser Stelle auch angemerkt, dass es gerade während der ersten Phase der Zusammenarbeit zwischen Berater und seinem Klienten immer noch vorkommen kann, dass auf den Einsatz von Video-Konferenzen erst einmal verzichtet wird. Dann nämlich, wenn der Berater merkt, dass dem Klienten, zum Beispiel aufgrund von Scham über den Verlust des Arbeitsplatzes, besser ein höheres Maß an „Schutz durch Anonymität" zuzugestehen ist. Dennoch bleibt die Videokonferenz natürlich ein zentrales Kommunikationsmedium im ePlacement-Prozess.

Der PC in der Hosentasche ist heute Normalität: Smart-Phones machen dank kontinuierlicher technischer Weiterentwicklungen und – Apple sei Dank! – zunehmender Bedienungsfreundlichkeit, aber vor allem dank schneller Verbindungen das mobile Arbeiten zunehmend zur Normalität; das eigene Smart-Phone ersetzt bereits auf Dienstreisen womöglich die Mitnahme des Laptops).

Nachdem von Consultants oder in Branchen wie der IT- oder Kommunikationswirtschaft ebenso wie für Außendienstmitarbeiter seit längerem auch schriftlich ständige Erreichbarkeit und Arbeitsfähigkeit erwartet wird, wird das mobile Arbeiten spätestens seit der massenhaften Verbreitung von iPhone, Blackberry etc. zunehmend auch für „normale“ Berufe, auch ohne Führungsverantwortung, zur Realität. Nahezu zwangsläufig resultiert damit auch seitens von Personalern und Consultants das Erfordernis, sich auf diese Situation einzustellen und sich bietendes Synergiepotenzial zu nutzen. Im ePlacement-Consulting erwarten wir mittlerweile von unseren Beratern, dass sie Affinität auch zur mobilen Kommunikation aufweisen, um sowohl Chancen im individuellen Beratungsprozess identifizieren zu können als auch Verständnis für potenzielle Schwierigkeiten zu erwecken, damit die Klienten auch für mögliche Gefahren, beispielsweise datenschutzrechtlicher Natur, sensibilisiert sind; insbesondere solche, die den Umgang mit dem Smartphone dermaßen verinnerlicht haben, dass sie für dessen Schwachstellen blind sein können.

Die Beantwortung einer e-Mail an einen potenziellen neuen Arbeitgeber mit der (aufgrund des minimalen Displays übersehenen) voreingestellten Signatur des aktuellen Arbeitgebers steht dem Offline-Fauxpas des Vergessens der Bewerbungsunterlagen für die Konkurrenzfirma auf dem Arbeitgeberkopierer kaum nach. (Und wer erinnert sich nicht noch an den TV-Werbespot, wo eine drohend-blechern klingende Stimme durch die Lautsprecheranlage auffordert: „Der Mitarbeiter, der seine Bewerbungsunterlagen am Kopierer liegen gelassen hat, möchte sich bitte umgehend in der Personalabteilung melden").

Aber auch abseits derartiger Fehlschläge gilt in der mobilen Online-Kommunikation beispielsweise besonders auf die Einhaltung von Stil (siehe auch „Never argue by eMail“) zu achten, zumal wer (selbst unterwegs) auf mehreren Kanälen gleichzeitig verfügbar ist und kommuniziert, kaum noch die notwendige Konzentration aufrecht erhalten kann, die vonnöten ist, um qualitativ hochwertig zu kommunizieren. Kaum ein Arbeitgeber jedoch, selbst jene in den „progressivsten“ Branchen, wird SMS-artig verfasste e-Mails von unterwegs nicht als Ausschlusskriterium ansehen.

Für die Zusammenarbeit mit dem ePlacement-Berater hingegen bietet die mobile Kommunikation verschiedene Möglichkeiten. Insbesondere im Rahmen eines „ePlacement on the job“ (siehe gleichnamiges Kapitel von RA Dr. Martin Hensche in diesem Buch), wo die Betreuung des freizusetzenden, aber noch nicht freigestellten Mitarbeiters bereits frühzeitig parallel zum Beruf einsetzt, um möglichst unmittelbar nach dem Ausscheiden aus dem bisherigen Arbeitsverhältnis in das neue hineinzugleiten. Egal, ob der betreffende Klient am bisherigen Arbeitsplatz einen (ungestörten) Zugang zu einem freigegebenen internetverbundenen PC hat oder nicht, ob dieser im Außendienst tätig ist oder eine sonstige reiseintensive Tätigkeit verfolgt, die Betreuung ist ohne größere Einschränkung bereits möglich (ggf. selbst von einer Baustelle aus!). Auch liegen bewerbungsrelevante Daten jederzeit zum Abruf bereit und können von unterwegs bearbeitet oder auch nur freigegeben werden, z.B. zur Weitergabe an Personalentscheider. Aber selbst skypebasierte Gespräche sind mittlerweile immer häufiger möglich, so dass jene regelmäßig stattfindenden Abstimmungsgespräche zwischen ePlacement-Berater und Klient sogar von unterwegs aus videounterstützt abgehalten werden können.

Insgesamt bleibt zu folgern, dass die zunehmende Verbreitung von Smartphones und der Ausbau immer schnellerer mobilerer Funknetze auch für ePlacement-Maßnahmen sinnvoll zu nutzende Synergiepotenziale bietet, die es zu nutzen gilt. Diese zeigen sich aber unserer Erfahrung nach in erster Linie in der Kommunikation zwischen ePlacement-Berater und Klient; die fernmündliche ebenso wie die schriftliche Kommunikation mit potenziellen Arbeitgebern oder auch Personalberatern sollte eher von einem ruhigeren Ort aus erfolgen.

4.4 Praxisbeispiel Projektplanung - Inhalt und Ablauf einer ePlacement-Maßnahme

Projektziel

Das Projektziel ist grundsätzlich die angemessene Neubeschäftigung des Klienten, welche potentiell neben der externen Neupositionierung (und ggf. auch internen Repositionierung innerhalb des bisherigen Konzerns) auch den Schritt in die Selbstständigkeit oder sonstige denkbare berufliche Alternativen miteinschließt. Ein Nebenziel besteht i.d.R. darin, den Klienten noch innerhalb der Restlaufzeit des auslaufenden Arbeitsvertrags zum Ziel, sprich im Regelfall zum Abschluss eines neuen Arbeitsvertrags, zu führen.

4.4.1 Projektphasen

Ein ePlacement-Projekt verläuft, begleitet von parallel verlaufender Qualitätskontrolle sowie Projektmanagement und Coaching, in der Regel in sechs Phasen. Schwerpunkte ebenso wie die Abfolge und der Verlauf dieser Phasen sind aufgrund der Tatsache, dass es in der Praxis erfahrungsgemäß keine auch nur weitgehend identisch gelagerten Projekte gibt, zum großen Teil von den Faktoren Klientel, Kundenvorstellungen und Budget sowie Arbeitsmarktsituation abhängig. Aufgrund dieser Faktoren unterscheiden sich ePlacement-Projekte stets in ihrer Abhängigkeit von den individuellen Voraussetzungen und Zielsetzungen. Projektphasen können sich darüber hinaus auch einmal überlappen oder parallel verlaufen. Die grundlegenden Phasen des ePlacement-Projekts sind:

- *IST-Analyse*
- *Zieldefinition*
- *Konzeption*
- *Produktion von Bewerbungs-Tools (-Unterlagen, Video, etc.)*
- *Realisierung*

- *Abschluss*

Die Phasen eins bis fünf verlaufen trotz zeitweiser Überlappungen grundsätzlich aufeinander folgend. Das „Projektmanagement/Coaching“ läuft parallel zu diesen Phasen. Phase sechs, der Abschluss, schließt das Projekt sowohl operativ als auch administrativ ab.

4.4.2 Rollenverteilung und Milestones im ePlacement-Projekt

Ein ePlacement-Projekt arbeitet in der Regel mit vier Rollen:

- **(Projekt-)Auftraggeber:** Dies können kundenseitig, insbesondere bei Großkonzernen, durchaus verschiedene Ansprechpartner sein, welche jeweils unterschiedliche Verantwortungsbereiche innehaben. Neben dem oder den Entscheidern sind dies potenziell noch Vertreter aus dem Einkauf, mit denen die allgemeinen Vertragsgrundlagen auszuhandeln sind, die jeweiligen Projektverantwortlichen auf Kundenseite. Aber auch gegebenenfalls bisher betreuende Berater können eine Rolle spielen, beispielsweise wenn die Arbeit im Auftrag von firmeneigenen Transfereinheiten erfolgt.
- **Projektleiter (Inhouse):** Zu Beginn eines jeden Projektes steht zunächst die Frage der verantwortlichen Projektleitung.
- **Projektmitarbeiter:** Zum Einsatz kommende Berater sowie Projektassistenz und Research.
- **Stakeholder:** Welche Personen oder Organe diese Rollen besetzen, ist abhängig von den jeweiligen Gegebenheiten eines Projekts. Rollen können zudem durchaus redundant besetzt werden. So ist der Klient (K) nicht nur, im indirekten Sinne, Auftraggeber, sondern immer auch Projektmitarbeiter. Die Zielvorgaben und Bedürfnisse des Klienten definieren letztlich das Projektziel, der Klient leistet aber auch selbst einen wesentlichen Teil der Bewerbungsaktivitäten.
- **Der Berater** (B) nimmt grundsätzlich immer auch gegenüber seinen Klienten die Rolle des Projektleiters ein, der seine Klienten in engmaschiger Abstimmung durch das Projekt führt und diesen regelmäßig Aufgaben/Aktivitäten zuweist.

4.4.3 Meilensteine

Diese Aufgaben und Aktivitäten sind von den Klienten zu gesetzten Fristen zu erfüllen, die über Projekt-Meilensteine definiert sind, wenn der seitens des zuständigen Beraters in Abstimmung mit seinen Klienten gesetzte Zeitplan (Zeitziel), aber auch der Projekterfolg an sich nicht gefährdet werden soll.

4.4.4 Rollenbesetzungen im Projekt

- *Der freisetzende Arbeitgeber als Auftraggeber*
- *Ggf. die Agentur für Arbeit (Bei nach § 216a SGB III geförderten Maßnahmen)*
- *Der verantwortliche Projektleiter*
- *Der fallführende Berater*
- *Projektmitarbeiter, z.B. Researcher*

- *Stakeholder*
- *Der Mitarbeiter/Klient sowie dessen Familie und persönliches Umfeld*
- *Das private und berufliche Netzwerk des Klienten*
- *Zielperson/AP/Beschäftigte von Zielunternehmen*
- *Personalberater, -vermittler, Sonstige*

4.4.5 Projektabschluss

Das Projekt gilt als abgeschlossen, wenn:

- **Das Projektziel erreicht ist,** die Projektauswertung abgeschlossen und gemeinsam mit den Projektunterlagen an den oder die Auftraggeber übergeben wurden.
- **Der bzw. die Auftraggeber das Projekt für beendet erklären,** die Projektauswertung abgeschlossen ist und diese gemeinsam mit den Projektunterlagen an den oder die Auftraggeber übergeben wurden.
- **JOBHUNT-INC.COM das Projekt für beendet erklärt,** nach Absprache mit dem oder den Auftraggebern, die Projektauswertung abgeschlossen ist und diese gemeinsam mit den Projektunterlagen an den oder die Auftraggeber übergeben wurden.

Projektcontrolling

Die Projektauswertung und das Qualitätscontrolling ist Aufgabe der Projektleitung. Der Auftraggeber bekommt dabei unter Beachtung datenschutzrechtlicher Erfordernisse in der Regel anonymisierte statistische Daten, und kann so selbst den Erfolg einer Maßnahme nachvollziehen und auswerten.

4.4.6 Sonderfall: Projekte mit öffentlicher Förderung

Der Auftraggeber eines Projekts definiert das Projektziel und ggf. die zu erreichenden Nebenziele. An dieser Zielsetzung bemisst der Auftraggeber am Ende eines Projekts dessen Erfolg oder Misserfolg.

Vor diesem Hintergrund wird die Rolle des Auftraggebers bei ePlacement-Projekten, die nach § 216 a SGB III anteilig mit öffentlichen Mitteln gefördert werden, von mehreren Personen/Organen eingenommen:

- Der Klient (K) als Anspruchsnehmer
- Die zuständige Agentur für Arbeit als Förderer sowie
- Der freisetzende bisherige Arbeitgeber des Klienten, der mit der Anspruchwahrung seines Mitarbeiters von der zuständigen AfA beauftragt wird
- Projektleiter ist auch hier auf Projektebene immer der ePlacement-Berater.

4.4.7 Phase 1: Status-Analyse

Das erste Ziel zu Beginn der Aufnahme der Zusammenarbeit ist es, ein grundsätzliches Vertrauen auf Seiten des Klienten zu seinem Berater und in die Vorgehensweise zu schaffen und mögliche Fragen zu beantworten. Erst danach geht es darum, die persönliche und berufliche Status-Analyse des Klienten einzuholen, auch bekannt als Profiling, wobei der Inhalt meist weit über den beispielsweise seitens der Agentur für Arbeit geforderten Umfang des „Profilings" hinausgeht.

Auch eine erste Zielorientierung wird herausgearbeitet und möglichst bereits genauer definiert. Die meisten Aktivitäten der IST-Analyse finden ihre inhaltliche Fortsetzung in den nachfolgenden Phasen. Insofern überlappt sich die IST-Analyse zwangsläufig auch mit nachfolgenden Phasen, wohingegen der Ablauf nicht zwangsläufig chronologisch erfolgt.

A. **Erster Telefonkontakt und nachfolgende Telefontermine**

Die erste, meist vom Berater initiierte, Kontaktaufnahme stellt meist ein persönlich gehaltenes Telefonat zwischen Berater und Klient zur Person und dessen persönlicher wie beruflicher Situation dar.

1. Klärung der Rollen und Verantwortlichkeiten zwischen Berater und Klient
2. Klärung der Kommunikationswege und -zeiten
3. Klärung technischer sowie organisatorischer Gegebenheiten und nötiger Beratungsvoraussetzungen seitens des Klienten. Dies betrifft sowohl technische Voraussetzungen wie Internetanschluss, optional auch Fax, Web-Kamera, etc. als auch organisatorische Details wie eine bewerbungsgeeignete e-Mailanschrift auch zur späteren Kommunikation mit potenziellen neuen Arbeitgebern. Eine mausi1982@xy.de mag privaten Anforderungen genügen; stellt aber nachvollziehbarerweise nicht die optimale Lösung für die Kommunikation mit dem neuen Chef dar. Auch die bisherige Arbeitgeber-Mailanschrift vermag ein falsches Bild vermitteln, selbst wenn dieser darüber informiert ist.

Neben weiteren Kontaktdaten sind insbesondere auch die bevorzugten Kontaktzeiten von Bedeutung – insbesondere bei nicht freigestellten Klienten im Rahmen eines „ePlacement on the job" (siehe Kapitel: *ePlacement on the job*").

Auch das Abfragen und Ausfüllen des entsprechenden Profilbogens durch Berater und Klient aufgrund einer ersten telefonischen Selbsteinschätzung seitens des Klienten bezüglich seiner allgemeinen, beruflichen und persönlichen Situation und, sofern seitens des Projektmanagements vorgesehen, der Einsatz von onlinegestützten personaldiagnostischen Instrumenten sind ein weiterer möglicher Schritt in dieser Phase der IST-Analyse.

4.4.8 Selbsteinschätzung des Klienten - berufliche Perspektiven und der Weg dorthin

a) *Erklärung Bedeutung Meilensteine (definierte Sachergebnisse gekoppelt mit Fertigstellungstermin)*
b) *Einschätzung der allgemeinen Situation am Arbeitsmarkt in Hinblick auf regionale Strukturen, saisonaler und konjunktureller Zyklen und Prognose*
c) *Selbsteinschätzung des Klienten bezüglich seiner Situation am Arbeitsmarkt*

Übersicht: Selbsteinschätzung des Klienten (Stärken-Schwächen-Profil):

a) *Fachkompetenz*
b) *Methodenkompetenz*
c) *Selbstkompetenz*
d) *Sozialkompetenz*

Seitens des Beraters einzufordernde Unterlagen

a) *Lebenslauf in aktueller Form*
b) *vorhandene Zeugnisse*
c) *Bewerbungsfoto*
d) *Vorhandene Referenzen*
e) *Erste konkrete Aufgabenstellung*
f) *AHA-Übung (als Meilenstein, d.h. mit Terminsetzung): Der Klient soll üblicherweise auf vorgefertigtem Internet-Formularbogen mindestens 10 berufliche Aufgaben („A“) der Vergangenheit auflisten und wie er diese (Handlung „H“) und mit welchem Ergebnis (quantifizierbares Arbeitsergebnis „A“) erledigt hat.*
g) *ggf. fehlende Zeugnisse (Meilenstein)*
h) *ggf. bereits angefertigte Bewerbungsschreiben inklusive dazugehöriger Stellenanzeigen*

B. ***Weitere vom Berater terminierte Telefongespräche***
Abhängig vom Erreichten des Erstgesprächs und von Meilensteinen.

C. ***Projektbegleitendes Coaching des Klienten***

Die Hauptaufgabe des Beraters liegt darin, den Projekterfolg voranzutreiben, das charakterisiert auch seine Rolle als Projektleiter. In dieser Rolle gehört es zu seinen Aufgaben, dem Klienten im Verlauf des Projekts immer dann mentale und emotionale Orientierungshilfen zu geben, wenn der Projekterfolg gefährdet ist.

D. ***Regelmäßig im Projektverlauf vom Berater per Mail gestellte Aufgaben, die als Meilensteine vom Klienten zu erfüllen sind***

Meilensteine sind projektbezogene Aufgaben/Aktivitäten, die der Berater mit seinem Klienten bespricht und die der Klient ggf. zu vereinbarten Terminen abgeleistet haben muss.

Meilensteine strukturieren den Projektablauf und sind Indikatoren für den Fortschritt eines ePlacement-Projekts. An Meilensteinen entscheidet sich, ob ein Projekt wie geplant weiter verlaufen kann, ob sein Ablauf oder die Projektstrategie revidiert und neu angelegt werden muss und in Ausnahmefällen auch, ob das Projekt keine Aussicht auf einen erfolgreichen Abschluss mehr hat und daher abgebrochen werden muss. Jedes Projekt ist einzigartig, das erst macht seinen Projektcharakter aus. Deswegen wird selbstverständlich auch für jeden Klienten ein zugeschnittener Projektplan erstellt. Dies gilt auch für Meilensteine. Dennoch gibt es „obligatorische Meilensteine". Sie werden in jedem Projekt gleich gesetzt, und immer im gleichen Projektabschnitt vom Klienten erbracht.

4.4.9 Projektsteuerung durch Meilensteine

Abbildung 4.1 Aufbau einer ePlacement-Maßnahme

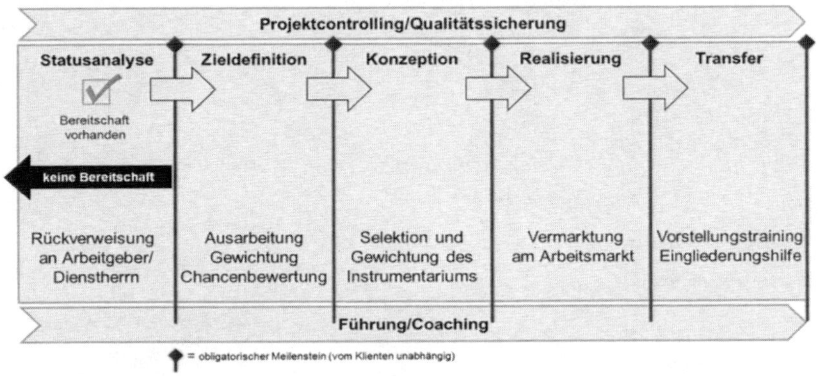

- *Profiling/Bewerberanalyse*
- *Selbstbeurteilungen, Stärken- /Schwächenprofil*
- *Selbstbeurteilung, Kompetenzen/Leistungen*
- *Bewerbungsfoto*
- *Persönlichkeitstests*
- *AHA-Übung/Erfolgsübersicht*
- *Selbstreflektion, (Was-,Wo-,Wer-,Wieso-,Warum-Fragen)*
- *Lebenslauf: Woche drei, vier, fünf*
- *Zeugnisse: Woche drei*
- *Zielfirmenliste: Woche drei, vier, fünf*
- *Erstes Verhaltenstraining bei Bewerbungsgesprächen: Woche sechs*

Darüber hinaus gibt es „abhängig obligatorische Meilensteine". Sie unterscheiden sich von obligatorischen Meilensteinen nur darin, dass sie andere Meilensteine als Voraussetzung haben.

Abhängig-obligatorische Meilensteine

- *Anschreiben → sobald die Bewerbungsunterlagen vollständig sind und → die Zielfirmenliste formuliert ist*
- *Bewerbungsübersicht → sobald die Zielfirmenliste formuliert ist*
- *Erstes Gesprächstraining: → sobald die Bewerbungsunterlagen vollständig sind*

- *Spontane Rückfragen des Klienten online (Mail) oder via Telefon*
- *Grundsätzlich ist der persönliche Berater auch außerhalb klassischer Bürozeiten Ansprechpartner für spontane Rückfragen seitens des Klienten.*

4.5 Phase 2: Zieldefinition

Konkretisierung des Projektziels Neubeschäftigung

A. Timeline

B. Arbeitgeber:

1. *Branche*
2. *Region (regional, bundesweit, EU- oder europa- bzw. auch weltweit)*
3. *Unternehmensgröße (DAX, Konzern, KMU,...)*
4. *Unternehmenskultur, Sonstiges*
5. *Konkrete (Ziel-)Unternehmen*

C. Position

1. *Tätigkeit, Hierarchieebene*
2. *Mitarbeiter-/Budgetverantwortung*
3. *konkrete Tätigkeit/Berufsbezeichnung*
4. *Einkommen/Gehalt*
5. *Sonstiges*

D. Beschäftigungsart

- *Angestellt*
- *Teilzeit*
- *Selbstständig*
- *Temporär (Zeitarbeit, Interimsmanagement)*

4.6 Phase 3: Konzeption

Ziel: Erarbeitung strategischer Optionen und Vorgehensweisen auf der Grundlage der über IST-Analyse und Zieldefinition erreichten Ergebnisse.

Strategische Optionen

a) Jobsuche im offenen Stellenmarkt

b) Jobsuche im verdeckten Stellenmarkt

4.7 Phase 4: Marktrealisierung / Bewerbungs-Tools

Ziel: Zusammenstellung aller Elemente einer Bewerbungsmappe, um kurzfristig Zieloptionen angehen zu können. Vermittlung und Einübung bewerbungsrelevanter Techniken und Vorgehensweisen.

Bewerbungsmappe

- *Vermittlung der Grundlagen*
- *Erstellung durchsetzungsstarker Bewerbungsunterlagen für Online- und ggf. Printverwendung*
- *Überarbeitung bzw. Neuentwicklung Lebenslauf*
- *Ggf. Auswahl und Anschaffung Bewerbungsmappe für postalische Bewerbung*
- *Auswahl und ggf. Vermittlung der Grundlagen für ein erfolgversprechendes Bewerbungsfoto*
- *Vermittlung der Grundlagen einer individuell zielorientierten Bewerbung*

4.8 Phase 5: Realisierung

Ziel: Umsetzung der gewählten Strategie, ggf. Strategiekorrektur bei nicht strategiekonformen Meilensteinergebnissen.

A. Offener Stellenmarkt

1. Stellenrecherche

- *Vermittlung der Grundlagen Stellenrecherche print (Tageszeitung regional, bundesweit, Fachpublikationen,...) und online (Jobbörsen/Karriereseiten)*
- *Vermittlung der Grundlagen der Anzeigeninterpretation*
- *Unternehmensselektion*

2. Selbstpräsentation

- *Vermittlung der Grundlagen des Einzelziel-Projektplans (Auswertung Anzeige, Identifikation Ansprechpartner, Vorbereitung telef. Erstgespräch, etc.*
- *Durchführung, Auswertung des telefonischen Erstgesprächs, Umsetzung im individuellen Anschreiben, rechtzeitige telefonische Statusnachfrage, ...)*
- *Vermittlung der Grundlagen des obligatorischen telefonischen Akquisitionsgesprächs (nach Anzeigenauswertung)*
- *Vermittlung der Grundlagen und wiederkehrende Übung „Zwei-Minuten-Spot“ (Selbst- und beruflichen Zielvorstellung in max. zwei Minuten)*
- *Vermittlung der Grundlagen und wiederkehrende Übung des individuellen Anschreibens (ggf. Übernahme der Aktivität Anschreiben durch den Berater)*

3. Vorbereitung auf Bewerbungsgespräche

- Vermittlung der Grundlagen und Abläufe von Bewerbungsgesprächen
- Übungen mit Varianten profilbezogener Fragestellungen
- Vermittlung der Grundlagen und Abläufe von Assessment-Centern

B. Der verdeckte Stellenmarkt

(zusätzlich zu „A. Offener Stellenmarkt")

- *Vermittlung der Grundlagen des Job-Search*
- *Unter der Vorbereitung des Beraters: Identifikation und Selektion von Zielunternehmen (u. a. aus hauseigenen Datenbanken)*
- *Vermittlung der Grundlagen der Analyse des heimischen und übergreifenden Arbeitsmarkts (z.B. gelbe Seiten, Homepages im Web, ...)*
- *Vermittlung der Grundlagen von Aufbau/Ausbau/Pflege des eigenen Netzwerks*
- *Vermittlung der Grundlagen Auswahl von/Bewerbung bei Personalberatern*
- *Vermittlung der Grundlagen Auswahl Jobbörsen*
- *Vermittlung der Grundlagen Einstellung des Lebenslaufs in Jobbörsen sowie Profilerstellung und Pflege*
- *Treuhänderisches „Umpflügen" potentieller Zielunternehmen (Research)*

4.9 Phase 6: Transfer / Projektabschluss

Ziel: Formale Übergabe an Auftraggeber, Bewertung als erfolgreicher Projektabschluss

1. *Auswertung aller Projektaktivitäten und Reporting an den Auftraggeber*
2. *Projektabnahme/Bewertung durch Auftraggeber*

4.10 Coaching als phasenübergreifender Prozess

Ziel: Führung des Klienten zum Projekterfolg

- In enger Zusammenarbeit zwischen Berater und seinem jeweiligen Klienten werden unter der Leitung des Beraters Aktivitäten abgeschlossen, zielführend inhaltlich und zeitlich aufeinander abgestimmt und ggf. Zwischenziele neu definiert.
- Übergreifend besteht die Aufgabe des Beraters darin, permanent die Eigenmotivation seines Klienten auf das Projektziel aufrecht zu erhalten.
- Belege für die Projektfortschrittskontrolle (Controlling) sind neben der durchgängigen Telefon- und Mailprotokollführung die vom Berater gesetzten Meilensteine, bzw. deren Ergebnisse.

1. Nachhalten vereinbarter Meilensteine
2. Abnahme vereinbarter Meilensteine

3. Zwischenzielanalyse (Beratung über vorliegende Alternativen)
4. Ggf. Strategiekorrektur / ggf. -anpassung
5. Unterstützung bei persönlichen oder motivationalen Schwächeperioden des Klienten
6. Stakeholderanalyse (Familie, potenzielle Zielunternehmen/AP, Multiplikatoren, ...)
7. Risikoanalyse (Liquiditätsplan bei Option Selbstständigkeit für Klienten, vertiefende Informationsaufnahme zu Zielunternehmen und -umfeld, sowie Leistungserwartung)
8. Ggf. Coaching während der Probezeit
9. Ggf. Exit-Interview (Interview mit dem Klienten zum verlassenen Unternehmen)

4.10.1 Zusammenfassung: Was unterscheidet ePlacement?

ePlacement bedeutet eine Virtualisierung des Klientenkontakts im Beratungs- oder Coachingprojekt. Dies erfordert einen grundsätzlich anderen Beratungsansatz. So wird mit einigen Klienten beispielsweise nur für das Erstgespräch ein Termin abgesprochen. Anschließend arbeitet der zuständige Berater während der gesamten Projektlaufzeit dann oft „stand-by", wenn es sein muss „7x24" – rund um die Uhr.

Ob für die IST-Aufnahme, das Profiling, die Auslotung der Arbeitsmarktchancen oder das Identifizieren konkreter Zielunternehmen im verdeckten Arbeitsmarkt – unsere Berater führen ihre Klienten per Mail mit klaren Aufgabenstellungen auf den richtigen Weg. Die Arbeitsergebnisse bespricht der Berater telefonisch. Anschließend folgt direkt die nächste Aufgabe – per Mail. Selbstverständlich kann der Klient seinen Berater bei kurzfristigem Beratungsbedarf auch „zwischendurch" anrufen. ePlacement stellt damit höchste Anforderungen an die zeitliche und geistige Flexibilität der Berater. Voraussetzungen dafür sind berufliche und persönliche Erfahrung, methodische Sicherheit und ein gehöriges Maß an Engagement. Dies und noch viel mehr macht den Unterschied – macht ePlacement zu einer effizienten Alternative im Outplacement.

Virtuelle Kommunikation als urbane Selbstverständlichkeit

Die Kommunikation via Internet ist mittlerweile zu einer urbanen Selbstverständlichkeit wie vor einigen Jahrzehnten das Telefonieren geworden, und, analog der Entwicklung des Telefons, heute via mobilem Internet, ein ständiger Begleiter. Wer jedoch bereits mit der digitalen Kommunikation aufgewachsen ist, interagiert gänzlich anders als andere Generationen zuvor. Spätestens mit dem Heranwachsen der Generation Y, jene ab 1980 geborene Generation von „Digital Natives", welche bereits mit dem Internet gemeinsam groß geworden ist und eine dementsprechende hohe IT-Affinität aufweist, entfallen auch letzte Vorbehalte gegenüber der virtuellen Kommunikation. Hat sich das Internet schon für die vorangehende Generation als nahezu unverzichtbares Kommunikationsmittel etabliert, so stellt dieses für die „Digital natives" einen zentralen Lebensmittelpunkt dar. Musste erstere Generation noch einst erst den Umgang mit dem Netz erlernen und setzt es auch heute oft noch eher als bequemes Mittel zu einem bestimmten Zweck (wie Internetbanking, Mails versenden, Recherchen) ein, so bildet die virtuelle Welt für etwa ab 1980 geborene Generationen einen Teil ihrer Realität ab. Längst werden nicht mehr nur Informationen abgerufen, Dateien heruntergeladen, Bekanntschaften gemacht oder gemeinsam mit und gegen andere Spieler auf der ganzen Welt vernetzt Online-Games gespielt oder gechattet. Selbst der viretuelle Arztbesuch ist keine Fiktion mehr.

Wie weit die moderne mediale Kommunikation in den Alltag der „born digitals"[53] verwoben ist, zeigt Professor *Armin Trost* in der folgenden Exkursion, die auf einem Experiment seiner Hochschule in Furtwangen basiert. Dass aber die Einsatzmöglichkeiten internetgestützter Kommunikation keineswegs auf jüngere Generationen begrenzt sind, zeigt anschließend *Dr. Josef Lang* in seinem nachfolgenden Fachbeitrag „Online-Beratung ist anders – Möglichkeiten und Grenzen".

5 Wie die Generation Y kommuniziert

Von Prof. Dr. Armin Trost[54]

Acht Studenten der Hochschule Furtwangen wagten ein Experiment: Sie verzichteten eine Woche komplett auf Internet und Handy. Ihre Erfahrungen sind sehr spannend – und auch für Manager interessant. Denn der Kommunikationsstil der Generation Y wird die Arbeitswelt verändern.

Vor etlichen Wochen war ich mit dem Auto von Tübingen nach Mainz unterwegs. Auf Höhe Karlsruhe merkte ich plötzlich, dass ich mein Smartphone vergessen habe. Eine leichte Panik stieg in mir auf. Wie sollte ich mitteilen, dass ich möglicherweise zu spät käme? Wie lautete nochmals die Adresse, zu der ich wollte und die sich nur in meinem elektronischen Adressbuch befand? Wie sollte ich den Tag ohne stündlichen Zugriff auf Mails oder SMS überstehen?

Wenn schon ich mich in solch einer Situation so fühle, wie wird dann erst ein Vertreter aus der Generation der sogenannten Digital Natives reagieren? Diese Frage hat mich zu einem kleinen Experiment an unserer Fakultät bewogen: Acht Studenten an der Hochschule Furtwangen verzichten eine Woche auf Internet und mobile Kommunikation. Die Idee ist einfach – die Bedeutung der modernen Medien erfährt der am besten, der einige Zeit auf sie verzichtet. Die Generation der nach 1980 geborenen (Generation Y) erscheint mir am interessantesten, weil ihr Verhalten am stärksten durch Internet und mobile Kommunikation geprägt ist. Sie kennen nichts anderes.

Die acht Studenten unterschrieben eine Erklärung, und ich veröffentlichte den Text mit einem Foto an dem Platz, an dem sie sich am liebsten aufhielten: auf Facebook. Ich habe alle Personen getagged, sodass jeder dort weiß, dass sie nicht zu erreichen sind. Die Studenten haben ihre Erfahrungen in einem Tagebuch (aus Papier) dokumentiert, und am Ende haben wir alle Erlebnisse zusammengetragen. Um einen Eindruck vom Leben ohne Internet und Handy zu vermitteln, erzähle ich im Folgenden die Erfahrungen aus Sicht eines Studenten. Alle geschilderten Situationen und Erlebnisse basieren auf realen Berichten, ich habe sie in einer fiktiven Person zusammengefasst:

Normalerweise weckt mich mein Handy. Aber heute macht das mein Fernseher, den ich eigentlich sonst kaum noch benutze. Es hat mich eine Stunde gekostet herauszufinden, wie ich ihn als Wecker programmiere. Allerdings benötige ich den Wecker während meiner Internetabstinenz kaum mehr, weil ich so viel wie seit Jahren nicht mehr schlafe. Ich könnte mich daran gewöhnen. Sonst wünsche ich mir immer, ich wäre abends so müde wie morgens. Ich habe eigentlich nie das Gefühl, ausgeschlafen zu sein. Bei Facebook passieren die meisten Dinge nachts, und morgens schaue ich dann üblicherweise erst einmal rein. Das gehört für mich zum Aufstehen dazu. Weil ich nicht weiß, worüber die Freunde sprechen, fühle ich mich total isoliert. Seit Tagen lebe ich mit dem Gefühl, ständig etwas zu verpassen.

Auf dem Weg zur Uni will ich am EC-Automaten Geld abheben. Doch ich muss unverrichteter Dinge weiterziehen, weil ich meine Geheimzahl im Handy gespeichert habe. Und das liegt nun mal beim Professor Trost in der Schublade. Wenige Minuten später stehe ich in einem leeren Hörsaal. Wurde die Veranstaltung verschoben oder nur der Raum geändert? Wieder habe ich das Gefühl, den Schuss nicht gehört zu haben. Normalerweise würde ich jemanden aus meinem Semester anrufen. Aber nun marschiere ich zum Dekanat. Endlich bin ich im richtigen Raum, und das Seminar ist schon voll im Gange. Der Dozent bespricht eine Fallstudie, die ich nicht bekommen habe. Sie wurde offenbar per E-Mail verschickt. Bis zum nächsten Mal sollen wir in Gruppen den Fall weiter bearbeiten. Dazu sind Recherchen notwendig. Ich werde mich weder mit meinen Kommilitonen abstimmen noch nach Informationen im Internet suchen können. Studieren ohne das Web ist nicht möglich.

Aber schlimmer ist das ständige Gefühl und die chronisch lauernde Gefahr, bei den anderen und bei den Professoren als Hinterwäldler dazustehen. "Wie, du nutzt kein Internet?" Ich hatte einmal eine Freundin, die in einer Sekte war und viele Dinge nicht durfte. Ich kann sie jetzt gut verstehen. Die anderen verstehen einfach nicht, warum ich etwas scheinbar Selbstverständliches nicht tue. Das ist schon hart.

In der Pause erfahre ich, dass ich gestern eine spontane Party bei einem meiner Kommilitonen verpasst habe – weil ich nicht erreichbar war. Ich ärgere mich, gerade dort wäre ich gerne dabei gewesen. Was heute Abend passiert, steht noch in den Sternen. Ich muss das klären, solange ich meine Freunde sehe. Wenn ich mich jetzt nicht verabrede, findet schlichtweg alles ohne mich statt. Wir brauchen einen eindeutigen Treff- und Zeitpunkt – hier und jetzt. Sonst wird nichts aus dem Abend, und ich sitze allein zu Hause – ohne Facebook und mit schlechtem Fernsehen.

Eine gemeinsame Aktion spontan zu planen, erscheint mir ohne Internet und Handy fast unmöglich. Um eine Zugverbindung herauszufinden, muss ich zum Bahnhof marschieren. Welche Filme laufen, erfahre ich erst beim Kino oder aus der lokalen Zeitung, die ich nicht abonniert habe. Alle Infos, die ich benötige, um ein Event zu planen, liefert das Internet. Und wenn ich es dann doch schaffe, einen Kinobesuch in Stuttgart mit einer Freundin zu arrangieren, müssen wir regelrecht Händchen halten. Wenn wir uns verlieren würden, kämen wir nie mehr gemeinsam nach Hause.

Es ist nun später Nachmittag, ich bin in meiner Bude und versuche, an meiner Hausarbeit zu schreiben. Es ist zäh. Mir fehlt das gewisse Maß an Ablenkung. Normalerweise habe ich auf meinem Rechner immer mehrere Fenster offen. Sitze ich am Computer, dann bin ich auch online. Ich lerne, schreibe, chatte mit Freunden und höre Musik über YouTube – alles gleichzeitig. Wenn ich studiere, dann arbeite ich immer nur zum Teil. Der Zugang zu Freunden und anderen Dingen per Internet ist zu verlockend. Da konkurriert in jedem Moment das Lehrbuch gegen eine viel buntere Welt. Zwei Stunden lang einen Artikel zu studieren, der stolze zwölf Seiten lang ist und sich auf nichts anderes zu konzentrieren – so hat wohl mein Vater studiert. Aber der hatte auch kein Internet und auch kein Handy. Dafür hatte er eine Plattensammlung, hörte die Musik über eine Stereoanlage und hatte un-

zählige Bücher im Regal stehen. Ich habe nur zehn Bücher, darunter ein Langenscheidt-Lexikon, den Diercke-Weltatlas, den Wöhe, ein Wirtschaftslexikon, das mir mein Onkel zum Studium geschenkt hat, und die Bibel aus dem Konfirmationsunterricht. Ohne Internet schlage ich tatsächlich im Lexikon nach, aber ich beginne zu zweifeln, ob das dort Geschriebene wirklich aktuell ist. Schließlich sind die Ausgaben schon sechs Jahre alt.

Am frühen Abend schaue ich seit Langem einmal wieder fern. Ich bin entsetzt über das, was mir geboten wird. Mein Laptop ist mein Fernseher und das Internet mein Programm. Normalerweise entscheide ich spontan, welchen Film oder welches Video ich anschauen möchte. Da Fernsehen und Facebook nun flach fallen und ich für ein, zwei Stunden etwas anderes tun will als Lernen und Hausarbeit schreiben, wäre Sport eine vernünftige Alternative. In solchen Phasen vermisse ich das Internet besonders, um mich kurzfristig zu verabreden.

Ich glaube, Internet und Handys nehmen uns allen die Geduld. Auf eine Nachricht per SMS erwarte ich eine Antwort innerhalb von Minuten. Noch krasser ist das im Chat bei Facebook. Wer nicht innerhalb von Sekunden antwortet, ist draußen. E-Mails schreibe ich eigentlich nur noch, wenn es offizieller wird, wenn ich mit Profs kommuniziere oder Datei-Anhänge versenden muss. Ansonsten sind Mails irgendwie zu sperrig. Vielleicht wird dadurch vieles oberflächlicher als in Zeiten, zu denen sich die Menschen noch Briefe schrieben. Andererseits ist es extrem effizient, mal schnell eine Frage zu posten und in kürzester Zeit eine Antwort zu bekommen. Vor allem ist es irgendwie aufregend, mit mehreren Menschen gleichzeitig zu chatten. Es ist, als sprächen wir miteinander, aber es hat die Kraft des geschriebenen Wortes. Ich vergesse dabei immer die Zeit. Das fehlt mir in der Woche der Abstinenz besonders. Ich fühle mich isoliert und minderwertig. Ich nehme an etwas nicht teil, wovon ich nicht wirklich weiß, was es mir bringt. Mir wird erst jetzt bewusst, wie viel Schwachsinn ich mir auf Seiten wie Facebook täglich antue. Eine Zeit lang nicht erreichbar zu sein, ist irgendwie auch ein gutes Gefühl. Ich hatte selten so viel Zeit und Ruhe.

Ich bin um 21 Uhr mit Freunden verabredet. Ich muss wirklich pünktlich sein. Sollte ich mehr als zehn Minuten zu spät kommen, laufe ich Gefahr, die anderen zu verpassen. Ich hoffe, Ort und Zeitpunkt stimmen noch, und meine Freunde haben zwischenzeitlich nichts anderes ausgemacht. Es geht alles gut. Wir treffen uns wie vereinbart. Es folgen schöne Stunden, in denen weder Internet noch Handy eine Rolle spielen.

Gegen ein Uhr mache ich mich auf den Heimweg, allein. Ich muss an meine Eltern denken, mit denen ich seit Tagen nicht mehr telefoniert habe, was ungewöhnlich ist. Sie sorgen sich wirklich, weil ich im Notfall niemand anrufen kann. Auch im Alltag mache ich mir automatisch Sorgen, wenn wir mal einige Tage nichts voneinander hören.

Wenn ich mit meinen Freunden abends unterwegs bin und dann nach Hause komme, ist immer erst einmal Facebook angesagt, auch wenn es schon drei Uhr ist. Wir treffen uns dort wieder und lassen den Abend ausklingen. Heimzukommen und direkt ins Bett zu gehen, ist eine gewöhnungsbedürftige Erfahrung. Mir fehlt etwas. Vielleicht fühlen sich so Entzugserscheinungen an?

Ich schlafe schnell ein und träume von Facebook und wie ich mit Freunden chatte. Mir wird schnell klar, dass ich etwas Verbotenes tue, schließlich habe ich eine Erklärung unterschrieben. Ich habe im Traum ein schlechtes Gewissen. Dass es so was gibt?

Soweit die Geschichte des Studenten und seine Erfahrungen während der Abstinenz. Eltern sollten verstehen, wie ihre Kinder in diesem Alter kommunizieren. Dasselbe gilt für Manager. Auch sie sollten das Kommunikationsverhalten ihrer jüngeren Mitarbeiter kennen. Das ist für die künftige Gestaltung der Arbeitswelt enorm wichtig – auch unabhängig davon, was das am Ende konkret bedeuten mag. Die Generation Y ist anders als Ältere enorm geschickt, schnell und beweglich beim Umgang mit dem Web 2.0. Die meisten der jüngeren Menschen, Studenten und Mitarbeiter nutzen das Internet anders und effektiver. Dahinter stecken ungeahnte Potenziale – aber auch Gefahren.

Prof. Dr. Armin Trost

Der Autor gilt als einer der profiliertesten HR-Experten Deutschlands und ist bekannt als Autor zahlreicher Bücher und Artikel. Neben seiner Lehrtätigkeit im Bereich Human Resources Management an der Hochschule Furtwangen ist der ehemalige Leiter International Recruiting der SAP AG als wissenschaftlicher Partner verantwortlich für den Think Tank der Promerit AG.

Mit freundlicher Genehmigung von Harvard Businessmanager.

6 Onlineberatung ist anders - Möglichkeiten und Grenzen

Von Dr. Josef Lang

6.1 Einleitung: Zielsetzung

Der wohl wesentlichste Aspekt, welcher in jedem verantwortungsbewussten Berater aufsteigt, wenn er oder sie das Wort „Onlineberatung" hört, ist die Einschätzung der Frage, ob und wenn ja in wie weit es möglich ist, ohne face-to-face-Kontakt eine persönliche Beziehung zum Klienten aufzubauen. Nachfolgend versuche ich eine Antwort auf die Einwände, die ich aus meiner mehrjährigen Praxis als Onlineberater und aus der Literatur, vor allem auch aus neuesten Untersuchungen beziehe, die sich auch in Gesprächen und Diskussionen mit zahlreichen Kolleginnen und Kollegen herauskristallisiert haben. Es sind wohl provisorische Antworten, weil vieles unerforscht ist, wie es bei einem neuen Feld nicht anders sein kann. Ich glaube, dass sich die Antworten in einem Satz irgendwie verdichten, dem Satz, den ich in den Titel gesetzt habe: Onlineberatung ist anders.

Onlineberatung: Wo sind die Gefühle, wie die Beziehung – eine kritische Anfrage

Computer mediated Communication (CMC)[1] ist grundsätzlich zunächst einmal durch eine Einschränkung der persönlichen face-to-face-Kommunikation gekennzeichnet. Wichtige Bestandteile verbaler wie non-verbaler Ausdruck durch Gesichtsausdrücke, Gestik, Haltung, Blick, Mimik, Handlung, Stimme bzw. Stimmlage - Modulation - Schnelligkeit – Pausen finden, wenn überhaupt, beispielsweise im Rahmen einer Videokonferenz, in gemindertem Maße statt. Im Wissen darum, dass vielleicht nur 20% der kommunizierten Informationen mit Worten ausgedrückt werden gegenüber 80 % (größtenteils unbewusster Inhalte) in nonverbaler Form, könnte der Praktiker nicht ohne gute Gründe zunächst einmal schlussfolgern, dass man für beraterische Zielsetzungen auf das Medium Internet besser verzichten sollte. Die Schlussfolgerung könnte aber vorschnell geschehen.

Es wäre aber erst *ein* Argument gegen die Onlineberatung, dass eben die Körpersprache außerhalb der beschriebenen videobasierten Kommunikation nicht wirksam wird und dass in der Folge die darin enthaltenen Informationen, vor allem auch Gefühlsgehalte, nicht zum Zuge kommen werden. Dazu kommt ein zweites, nicht weniger wichtiges Argument: CMC basiert zwar auf einem technisch hoch entwickelten Netz von Informationseinheiten und deren automatisierter Verknüpfung und Verwendung, aber eine Beziehung zu diesen Punkten und den dahinter stehenden Personen ist nicht vorhanden. So wird auch eine Beziehung von Klienten zu seinem Berater, zu seiner Beraterin wenig real, nur virtuell aufgebaut, könnte man denken. Manche meinen, eine Beziehung sei nicht möglich. Nun würde, weitgehend unabhängig vom Ziel der Maßnahme, kein seriöser Berater oder auch Therapeut daran denken, eine Maßnahme durchzuführen ohne den Einbezug von Körpern, Gefühlen und Beziehungen. Stellvertretend für eine große Anzahl von Publikationen zu Gefühl und

Beziehung in der Therapie stehe ein Satz von Tom Levold. Er meint, eine wesentliche Grundlage therapeutischer Veränderungsprozesse sei eine affektive Synchronisation zwischen TherapeutIn und KlientIn: „Unter Affektabstimmung verstehe ich Prozesse der Synchronisation, Koordination und wechselseitigen Modulation von Affektausdruck und Empfindung, welche auf intrapsychischer Ebene das Gefühl vermitteln, mit der anderen in Beziehung zu sein.“[2] Gefühl und Beziehung sind unbestreitbare Schlüssel zur Veränderung. Und nochmals: Diese Schlussfolgerung könnte vorschnell sein, weil einseitig und zumindest in Teilen nachweislich falsch.

Nun zu der Frage: Ist es denn so, dass Online keine Gefühle herüberkommen? Ist es denn so, dass Online keine Beziehung entsteht? Ich meine, dass beide Sätze zu verneinen sind. Zunächst gilt es zu sehen, was Onlineberatung oder -therapie überhaupt ist und was nicht. Abgesehen davon, dass schon die Definitionen von Beratung und Therapie nur scheinbar eindeutig sind, ist festzuhalten, dass die Fragestellung einschränkt. Onlineberatung oder E-Therapy (nach dem US-Amerikaner John M. Grohol, welcher den Begriff geprägt hat) ist eine neue und eigene Form von Hilfestellung an Ratsuchende mit den Mitteln der Informatik und des elektronischen Netzes, des Internets. Es ist nicht eine Kopie der Eltern „Therapie und Beratung“ und auch kein Klon der Telefonberatung. Onlineberatung entspringt einer neuartigen Kreuzung und stellt etwas anderes, noch zu Definierendes dar. Diese Beratungsform kennt ihre Grenzen, wie jede Theorie und Methode, und sie hat ihre Stärken, wie viele Theorien und Methoden auch. Das spezifische Setting ruft nach einer spezifischen Theorie. Sicher ist aber heute schon, dass die Frage nach der Vermittelbarkeit von Gefühl und nach dem Aufbau einer persönlichen Beziehung zu stellen ist.

6.2 Gefühle und Körpersprache im Internet

Grundsätzliche Überlegungen

Aus der Sicht der Kognitionspsychologie kann die strikte Trennung von Gefühl und Gedanken nicht mehr aufrechterhalten werden. Kognitionen sind immer auch emotional, sie sind sogar – gemäß der neurologischen Wissenschaften – emotional gesteuert. Betrachten wir diese Unterscheidung also mit gewisser Vorsicht.

Stimmt es, dass in der gesprochenen Sprache mehr Gefühle mitgehen als in der geschriebenen, oder ist dies eine vorschnelle Annahme? Sicher gibt es große Unterschiede bei Sprechern und bei Schreibern, bei Malern und bei Tänzern. Nicht alle Menschen benutzen dieselben Kanäle mit gleicher Virtuosität. Eine Beratung alleine auf Basis von E-Mails wird also auch nicht die Sache von Jedermann sein oder werden. Wer sich aber beispielsweise als beratender Mensch von den starken Bildern etwa einer Marie Luise Kaschnitz anrühren lässt, wird auch die Sensibilität haben, den Text eines Ratsuchenden mit all seinen emotionalen Anteilen aufzunehmen. Zugegeben, im Gegensatz zum gesprochenen Wort fehlt in den meisten Fällen noch die Stimme. Die bedeutet aber nicht, dass der Hörsinn nicht angesprochen wird. Eine E-Mail (oder auch Chatnachricht über den Instant-Messager) ist nicht irgendein Schriftstück. "E-Mail ist so etwas wie die mündliche Rede in Schriftform" (Negroponte zitiert nach Gebhardt (2000) S. 70).

6.2.1 Ein Wort zur Körpersprache

Nun ist es, wie angesprochen, aufgrund des hohen Verbreitungsgrades entsprechender Standardprogramme seit einigen Jahren möglich, das Internet auch zur Bild- und Tonübertragung einzusetzen. Zudem sind Entwicklungen im Gang, die Übertragung zu beschleunigen, zu vereinfachen und anzureichern. Es wird von Projekten am Massachusetts Institute of Technology (MIT) berichtet, wonach ein Gesicht nicht nur am Monitor gezeigt werden kann, sondern mit Rechnerhilfe analysiert wird, so dass die Stimmungslage abgelesen und übertragen werden kann. Prof. Irfan Essan's Programm soll Gefühle mit 98%-iger Sicherheit erkennen. Später soll der ganze Körper miterfasst werden, sogar körperchemische Prozesse sind nicht ausgeschlossen.[3]

Aber bleiben wir in der Gegenwart. Es ist sehr viel mehr möglich als dies mit dem Hinweis auf die etwas blutleeren Emoticons vermutet werden könnte. Allerdings braucht es ein gewisses Training und Empathie sowie die Vorstellungsgabe, zwischen den Zeilen zu lesen oder zu hören.

Empirischer Beleg[4]

Die grundsätzlichen Überlegungen decken sich mit den eigenen Eindrücken der Onlineberater. Neuerdings finden sich auch erste empirische Belege von Frau Kriener, die ich mit zwei Zitaten hier zusammenfasse: „Die schriftliche Mitteilung der Gefühle fiel demnach den meisten Beratungsklienten leicht." „Der schriftliche Ausdruck von Gefühlen scheint für die Klienten selbst kein Problem darzustellen. Zumindest deutet die Selbsteinschätzung darauf hin, dass ihnen der schriftliche Gefühlsausdruck durchwegs leicht fiel, nur wenige gaben hier an, Schwierigkeiten gehabt zu haben." Einen andern Zugang bietet das Beratungsangebot von „Kummernetz". Diese Plattform ermöglicht es den Ratsuchenden, ihr Problem in einer Zeichnung festzuhalten und das Bild mit Tastendruck dem Berater zu übermitteln. 5.8 % der Klientel hat gezeichnet, um auf diese Weise den Kummer auszudrücken.[5] Das Beispiel zeigt eine Möglichkeit des Einbezugs anderer Ausdrucksmittel, gerade auch zum Gefühlsausdruck.

Exkursion: Wahrnehmung

An dieser Stelle wäre zu diskutieren, wie viel Information überhaupt nötig oder erwünscht sei, um einem andern Menschen beraterisch oder therapeutisch beizustehen? Sicher bringt die physische Anwesenheit eine Menge von Informationen, die ohne sie wegfallen. Die Antwort auf die Frage wird aber kaum lauten, dass mehr Information in jedem Fall eine bessere Hilfestellung garantiert, nach dem Motto: je mehr, desto besser. Möglichst wenig Information wird andererseits auch nicht erstrebenswert sein.

Lassen Sie mich einen Vergleich einfügen: Bei „Wetten dass" (Gottschalk) trat ein Mann auf, der gewettet hat, dass er ein Musikstück nach Anhören von einem Takt Musik erkennen könne, und dies aus einer Auswahl von mehreren Hundert CDs. Er hat die Wette gewonnen. Was passiert da: Ein Mann hört zwei, drei Töne, aus der Klangfarbe erkennt er die Instrumente, ansatzweise hört er den Rhythmus, und in Sekundenschnelle kann der Wettkandidat aus dem Puzzleteil das Stück erkennen wie aus einem Hologramm. Das ist eine erstaunliche Fähigkeit. Durchschnittlich Begabte kennen diese Fähigkeit etwa beim Telefonanruf eines Freundes. Auch wenn ich ihn während Jahren nicht gesprochen habe, ich erkenne ihn schon beim ersten Wort. Das Timbre der Stimme genügt, den ganzen Menschen vor sich zu sehen, all die gemeinsamen Erlebnisse klingen an, das Gefühl stellt sich blitzschnell auf den Menschen ein. Wetten, dass Sie aus ein paar Zeilen schon das Problem erkennen, oder was soll mein Vergleich? Wir sind in der Lage, mit minimalen Informationen ein Ganzes herzustellen. Als Berater funktionieren wir nicht anders. Die Art, wie uns der Klient begrüßt, wie er sich zum Stuhl bewegt, wie er sich räuspert, wie er zu sprechen beginnt, all dies lässt in uns ein Bild entstehen, wohl mehr unbewusst als bewusst. Und manche Therapeuten wären dann schon in der Lage, den Typen zu charakterisieren: ein zögernder, gehemmter, charmanter, ängstlicher Mann, oder eine spontane, intelligente, sprunghafte Frau, oder was immer. Dieser Therapeut würde sich dazu noch rühmen, eine gute Beobachtungsgabe oder Intuition zu haben. Hier spielen die Gesetze von Selektion und Inferenz, wie sie in der Personenwahrnehmung psychologisch beschrieben werden, eine Rolle. Es ist ein gutes Stück Konstruktion einer Wirklichkeit. Was hier abläuft, ist nicht unproblematisch. Man kann nur hoffen, dass der geschulte Therapeut diese Gesetzmäßigkeiten bei sich kennt.

Bei der Onlineberatung liegt die Sache anders. Es liegen zunächst ein paar Sätze vor. Ich kenne nicht viel mehr als das Alter, das Geschlecht und den Stand. Und dann liegen da ein paar Zeilen. Es ist unmöglich, dass ein Bild einrasten kann. Die Intuition des Lesers bleibt auf der Strecke. Eine unakzeptable Begrenzung werden die einen sagen. Ich meine dagegen: Gerade darin liegt eine Stärke der Onlineberatung. Der Berater hat kein Bild im Kopf, er wird nicht mit dem unausweichlich sanften Stempel des Gegenübers in eine Richtung festgelegt. Der Berater hat nur ein paar Puzzleteile, einige emotionale und kognitive Fetzen. Wollte er, wie bei „Wetten dass" die Person beschreiben, würde er gewaltig irren. Er wird also nichts wissen, eigentlich so wenig wie der Berater im Zimmer auch, aber er weiß, dass er nichts oder wenig weiß. Er lässt sich weniger schnell täuschen vom trügerischen Eindruck, den Durchblick zu haben. Wie die schon zitierte Arbeit von Kriener belegt, scheinen die Onlineberater trotz diesem dünnen Rinnsal an Information in der Lage zu sein, die Fragestellung der Ratsuchenden adäquat aufzunehmen. Jedenfalls antworten die Ratsuchenden in der großen Mehrheit, dass sie sich verstanden gefühlt haben und dass es keine Missverständnisse gegeben habe: 83.8 % antworten, dass es kein oder wahrscheinlich kein Missverständnis durch die schriftliche Kommunikation gegeben habe. 16.2 % berichten, es hätte ein Missverständnis gegeben. Dieser Exkurs mag durchaus aufzeigen, dass Onlineberatung spezielle Stärken hat. Die eben genannte führt zur methodischen Konsequenz, dass der Onlineberater viele Fragen stellen wird. Es liegt auf der Hand, dass er das Meiste nicht weiß. Also wird er Fragen stellen, die ihm selbst mehr Information bringen sollen, die aber vor allem dem Klienten neue Anstöße geben können.

6.2.2 Die persönliche Beziehung im Internet

Was die persönliche Beziehung angeht, wagt John Grohol die Aussage, dass die Beziehung am Internet nicht schwieriger herzustellen sei als in der f-t-f Therapie.[6] Im schon zitierten Artikel von Kucera entwickelt der Autor eine verwandte Idee, wenn er darauf hinweist, dass "Psychoanalytiker vielleicht von der erhöhten Übertragung und Gegenübertragung in textbasierten Interaktionen fasziniert sein werden"(a.a.O.).

Was ist überhaupt „Beziehung", was bedeutet sie und wie wird sie aufgebaut?

Eva Jaeggi hat in einem Vortrag (Wien 2002)[7] herausgearbeitet, wie Beziehungen für jeden Menschen eine individuelle Bestätigung seiner Besonderheit gewährleisten. Beziehungen haben also eine Identität stiftende Funktion. Nicht anders ist es mit der Therapiebeziehung. In ihr wird geklärt: „Wer bin ich". Entscheidend ist dabei das Gefühl der Authentizität. Wir leben in einer Authentizitätskultur: wir hören auf die innere Stimme, nicht mehr auf die äußere, nicht auf das Nachgesprochene. Da die Gefühle aber wechselhaft sind, ist es auch das Identitätsgefühl. Darum kann man sich nicht letztlich auf die Authentizität der eigenen Gefühle verlassen. Da sind wir auf Beziehungen angewiesen: Eltern, Kind, Partner, Freundschaft, Sachbeziehungen. In der Berater-Klient-Beziehung wird Identität gestiftet. Darum ist die Beziehung so wichtig, auch für die Heilung. Es gibt darin eine Intimität, ein Geständnis. Das Authentische ist gefragt. Im Vordergrund dieser Betrachtung steht die Vorstellung, dass „gesund werden" mit „Veränderung der Beziehungsformen" zu tun hat. Der oder die signifikant andere in dieser Beziehung ist der Therapeut, ist die Therapeutin. In der Onlineberatung bildet der virtuelle Raum den Rahmen dieser Begegnung und Beziehung, virtuell zwar, aber auch real erfahrbar. Es ist eine andere Realität. Der Onlineberater wird zum signifikant Anderen, zum bedeutsamen Anderen erwählt. Er oder sie hilft in der Beziehung, Identität zu stiften, das Selbst zu klären. Es geht hier nicht face-to-face, aber von Mensch zu Mensch. Das Authentische zu finden ist auch hier das Ziel. Es geht um echte Begegnung. Virtuell ist nicht zu verwechseln mit fassadenhaft oder vorgetäuscht, es ist stark und tugendhaft, wie das lateinische Wort „virtus" schon sagt.

Nun wieder zu unserer kritischen Anfrage: Gibt es bei der Onlineberatung eine Beziehung? Immer noch staune ich über den seltsamen Kontrast, dass nämlich auf der einen Seite alle Onlineberater ohne zu zögern bestätigen: es gibt eine Beziehung, und eine sehr intensive, wenn auch vielleicht kurzlebige. Auf der andern Seite stehen eher Leute mit theoretischen Überlegungen, die den Beziehungscharakter der Onlineberatung in Abrede stellen. Offensichtlich wird etwas erfahren, was man theoretisch nicht vermuten würde. Diesen Kontrast aufzuhellen kann nicht Thema unserer Überlegungen hier sein. Vielmehr möchte ich ein paar erste Befunde anführen, die auch empirisch belegen, dass es eine „Beziehung" gibt.

Empirischer Befund

Frau Friener ist der Frage der Beziehung in ihrer Arbeit nachgegangen. Ihr Ergebnis: „Sie (die Ratsuchenden) machen sich scheinbar auch wenig Gedanken über die Professionalität des Beraters, da die Klienten mehrheitlich angaben, dem Berater leicht zu vertrauen und auch eine persönliche Beziehung zwischen Berater und Klient wurde wohl in den meisten Fällen erlebt." Ob diese Beobachtung allerdings bedeutet, dass sich die Leute wenig Gedanken machen, weiß ich nicht. Ich habe im Gegenteil Rückmeldungen von Klienten gesehen, die ausdrücklich betonen, dass der Eindruck der Homepage das Vertrauen gegeben habe, den Kontakt zu suchen. Diese Leute haben sich durchaus Gedanken gemacht. Die Hauptaussage von Frau Kriener bestätigt aber die These, dass die Leute eine Beziehung zum Berater erlebt haben und dass es ihnen leicht gefallen ist, zu vertrauen. Die Nachbefragung des „Kummernetzes" enthält auch die Frage, warum sich jemand an das Kummernetz gewendet habe. Über 40% antworten, der Grund liege darin, dass sich die KN-Beraterinnen persönlich vorstellen. 18% der Antwortenden haben den Wunsch geäußert, die virtuelle Ebene zu verlassen und zu telefonieren oder ein persönliches Treffen zu vereinbaren.[8] Da wird wohl die Suche nach persönlichem Kontakt deutlich. Ein Drittel hätte den Kontakt zum Zeitpunkt des Abschlusses gerne länger aufrechterhalten. Gut 70% hatten das Gefühl, als „wirkliche Person" wahrgenommen worden zu sein, nicht nur als Fall.

6.3 Chancen und Grenzen der Onlineberatung

Ich halte es für problematisch, wenn Onlineberatung mit Beratung oder Therapie im herkömmlichen Sinn verglichen wird. Wir haben in der Onlineberatung nicht eine abgespeckte Form von face-to-face Therapie vor uns, sondern wir stehen einer neuen Art von Beratung gegenüber, die viel mit Kommunikation und Information, mit Technik und Internet, und einiges mit Beratung und Therapie zu tun hat. Es ist unbestritten, dass die Art von Beziehung bei Onlineberatung klarer gefasst und umschrieben werden muss. Es wird aber von allen Praktikern, die ich kenne, übereinstimmend mitgeteilt, dass eine Beziehung zum Klienten hergestellt wird, und dass sehr schnell eine intensive Form der Beziehung vom Klienten her auf den Therapeuten zukommt. Die Zeugnisse stimmen andererseits auch darin überein, dass eine große Zahl von Ratsuchenden eine eher kurzfristige Beziehung sucht und aufrecht erhält. Nur einige Prozent aller Klienten bleiben für Wochen oder Monate, einige auch über Jahre im Kontakt. Darum werde ich in der Umschreibung von Onlineberatung, die ich am Ende versuche, nicht nur von Beziehung sprechen, sondern von Beziehung und Kontakt.

Anonymität wird von einigen geschätzt, vor allem von Klienten, die sich ihrer Probleme schämen. Im Verlauf der Beratung nimmt aber der Stellenwert der Anonymität ab, kann sogar ins Gegenteil umschlagen.[9] Je nach Klientel scheint die Anonymität einen unterschiedlich hohen Stellenwert zu haben. Dass aber Onlineberatung leicht verfügbar, jederzeit zugänglich und kostengünstig ist, trifft zu und ist als Argument bei Klienten häufig genannt. Es ist für alle Betroffenen nötig, um die Grenzen der Onlineberatung zu wissen und dazu auch Erfahrungen zu sammeln. Grenzen der Beratung werden, einmal abgesehen von mangelhafter technischer Ausstattung und / oder Kenntnissen im Umgang mit dieser, insbesondere dann sichtbar, wenn Problemstellungen erkannt werden, welche eine pathologische Qualität aufweisen.

6.4 Was kompensiert die Nachteile?

Schon im Verlauf des vorliegenden Buches wurde aufgezeigt, wo die Vorteile der Onlineberatung liegen oder liegen könnten. Man denkt an die leichte Zugänglichkeit des Mediums für Klienten, unabhängig von deren Wohnort, unabhängig auch von der Tageszeit, der Mobilität und damit einhergehend auch an die teils gravierenden Kosteneinsparmöglichkeiten. Nebst diesen äußeren Faktoren wäre aber hier vor allem an neue psychologische Momente zu denken, die den Verlust der face to face Beratung wiederum teilweise aufheben könnten. Es sind diese:

- Die Initiative beim Ratsuchenden und die Beibehaltung der Regie in allen Phasen des Beratungsprozesses
- Eine gewisse Anonymität
- Die Wahl des richtigen Zeitpunktes
- Der Aufbau des Vertrauens auf der Grundlage von Information (Einsicht in Homepage inklusive der Kompetenz des Beraters) und als eigene Vorschussleistung
- Zugang aus dem eigenen Büro mit der Möglichkeit, andere Personen mit einzubeziehen
- Ein Text mit der eigenen Problem- und Zielbeschreibung
- Ein beständig einsehbares Protokoll aller Prozesse. Das gesprochene Wort ist flüchtig, ein Text kann nachhaltiger wirken

Schlussfolgerung

Bei einer umfassenderen Beurteilung der Möglichkeiten von Onlineberatung treten gewichtige Vorteile auf, die das Aufkommen von Onlinepraxen verstehbar und vertretbar machen.

Beratung oder Therapie oder etwas anderes

Beratung und Therapie sind Anwendungsgebiete der Psychologie, die kultur- und zeitabhängig sind. Neue Settings und Methoden werden von den führenden Therapieforschern diskutiert.[10] Es gibt keinen Grund, ein derart zentrales Medium unserer Zeit und Kultur wie das Internet aus dem Bereich möglicher Settings auszuschließen.[11] Dabei wäre anzufügen, dass die heutige beraterische und therapeutische Versorgung keineswegs all die Menschen erreicht, die vom Angebot profitieren könnten (und sollten). Lange Wartezeiten oder aber das eigene Aufschieben einer Beratung wegen hoher Schwellenangst rufen geradezu nach niederschwelligen Angeboten, die weiteren Kreisen von suchenden oder leidenden Menschen entsprechen.

Mir scheint aber notwendig – ich habe es schon erwähnt – dass man die spezifische Art dieser Beratungsform empirisch erforscht und auch theoretisch reflektiert. Ich meine, dass die ersten Untersuchungen und Erfahrungen derart sind, dass man mit gutem Gewissen Internetberatung anbieten darf. Die Zeugnisse sind durchwegs positiv, die vorliegenden empirischen Befunde bestätigen diese Erfahrungen. Man darf allerdings auch feststellen, dass die bisherigen Anbieter sorgfältig vorgegangen sind – jedenfalls jene, die sich bereit erklären, ihre Arbeit empirischen Arbeiten von Diplomanden oder Doktoranden zur Verfügung zu stellen.

Rahmenbedingungen müssen geklärt sein

Ich habe die wesentlichen Faktoren in einem eigenen Artikel festgehalten (a.a.O.). Kurz gefasst geht es um Geheimhaltungsgarantie, Zuständigkeit und Kompetenz, Hinweis auf Grenzen, Hinweis auf die Sicherheit der Daten und die Möglichkeit der Verschlüsselung bei der Datenübertragung, um die Regelung der Finanzen, Hinweise auf die Methode und um das Besprechen des Vorgehens.

Leitlinien

Der Onlineberater wird sich von gewissen Prinzipien leiten lassen, die sich einerseits mit der Beratungshaltung in jedem Setting deckt, anderseits Spezifisches umfasst. Dazu zählen etwa:

- Ziele klären (klären, was man tut und was man nicht tun wird oder tun kann)
- Stärkung der Autonomie des Klienten: Er hat die Initiative – er schildert sein Problem – er ist fähig, Rat zu suchen
- All dies wird der Berater anerkennen
- Stärkung des Selbstbewusstseins: Anerkennung der Person und ihrer Kompetenz – ihres Mutes, sich darzustellen – anerkennendes Festhalten von bisher Erreichtem
- Empathisches Eingehen auf das Vorgelegte – Beratungsbeziehung aufbauen und stärken
- Vertrauen aufbauen: Aufnehmen der positiven Ansätze – Weiterentwicklung
- Systemische Sicht beibehalten und/oder öffnen
- Keinen Schaden zufügen (Vorsichtiges Formulieren und Vorgehen)
- Mögliche Missverständnisse antizipieren und klären

Methodisches Vorgehen: einige Hinweise

Wie schon erwähnt sind bis heute die meisten Onlineberater ohne eine explizite Onlineberatungstheorie ans Werk gegangen. Die bisher praktizierte Theorie im Hinterkopf stand zur Verfügung. Und doch wird jeder Onlineberater sehr schnell feststellen, dass vieles nicht, anderes aber zusätzlich möglich ist. Man kann an folgende Punkte denken:

- Fragen stellen zum besseren Verständnis – offene Fragen. Fragen nach Zusammenhängen, die der Klient nicht angesprochen hat, die ihm vielleicht entgangen sind, die seine Sicht ausweiten können
- Öffnung auf Alternativen hin; Ressourcenorientierung, -aktivierung: Positive Ansätze herausheben und verstärken;
- Nachfragen nach gelungenen eigenen Versuchen – Nachfragen nach den eigenen Möglichkeiten
- Systemisches einbeziehen: Anregung zum Einbezug der Partnerin/des Partners o.a.

- Festhalten von schon Geklärtem und schon Geleistetem (Selbstvertrauen stärken)
- Hinweis auf schon Geschriebenes (Die Kontakte bilden ein nachlesbares Protokoll)
- Gefühle beachten: Grundgefühl aufnehmen und ansprechen (zur Klärung, Überprüfung, Bewusstmachung)
- Einsatz von schreibtherapeutischen (narrativen) Methoden: Bearbeitung bestimmter Themen, inhaltlich (was) oder prozessual (wie geht es dem Schreibenden dabei)
- Informationen geben, dadurch gegebenenfalls auch Normalisierung der Situation, dadurch allenfalls Inkonsistenzreduktion (Grawe, K.)
- Öffnen auf spezifische Hilfen hin, Ermunterung zu anderen Beratungskontakten
- Hausaufgaben: (Verwöhntag; Abmachung von festen Zeiten für Gespräche; Auftrag von Gestaltübungen)
- Beobachtungen
- Andere Methoden: Malen u.a.

6.5 Qualifikation eines Beraters bzw. einer Beraterin

Wie sollte ein Onlineberater beschaffen sein? Welche Eigenschaften soll er haben? Frau Kathrin Strobl hat 220 Homepages gefunden, 62 davon bieten Beratung an. Eine qualitative Beschreibung der Anbieter wird da nicht gegeben. Im amerikanischen Bereich findet sich ein Anforderungsprofil des Internettherapeuten. Nach Grohol soll der Internettherapeut folgenden Anforderungen genügen: Er soll „Akademisches Wissen" und „Beratungs-Skill" haben, er soll „trainiert und supervidiert" sein, er braucht einen Charakter mit „Empathy, Wisdom und Compassion", er bedarf einer Berufserlaubnis als Therapeut und er soll eine Beziehung zum Klienten herstellen können. Ich selbst würde dies unterschreiben, meine aber, dass diese allgemeinen Charakteristika zu wenig auf die Onlineberatung abgestimmt sind. Als weitere Anforderungen an den Onlineberater erwähne und skizziere ich folgendes Charakterprofil für den Berater, die Beraterin:

- Empathie, „Zuhörer / Leser, Beziehungsfähigkeit
- Sinn für Entwicklung, Selbstkenntnis
- Vorstellungsgabe, Handhabung des virtuellen Raumes
- Guter Schreiber (auch technisch einigermaßen versiert)
- Kenntnis schreibspezifischer Methoden
- Offenheit für Forschungsanliegen und für Zusammenarbeit
- Minimales technisches Flair
- Fähigkeit zur Abgrenzung

Wirkung

Jeder Berater wird sich besonders für die Frage der Wirkung interessieren. Spontane Rückmeldungen, die von allen Beratern berichtet werden, sind fast nur positiv. Über diese positive Selektion hinaus greifen neueste Untersuchungen, vor allem jene von Kriener. Frau Kriener hat mit einer Pre- und Postbefragung eine beispielhafte Methodik gewählt, die ihre Grenze andererseits in der relativ geringen Anzahl von Antwortenden hat. Die Ergebnisse ihrer Untersuchung sind überraschend günstig für die Onlineberatung: 39% sind der Meinung, dass die Beratung so hilfreich war wie die einer anderen Therapie gewesen wäre. Weitere 29 % sind sich nicht so sicher. Lediglich 32% meinen, das treffe weniger oder nicht zu.

6.6 Versuch einer Umschreibung / Fazit

«Psychologische Onlineberatung ist eine aktive, helfende Begegnung resp. Beziehung zwischen einem/einer Ratsuchenden und einer/m psychologischen BeraterIn. Sie findet virtuell im Internet mittels dessen spezifischen Kommunikationsformen (E-Mail, Chat, Forum etc.) statt, wobei der/die KlientIn Ort und Zeitpunkt der Problemformulierungen selber bestimmt. Sie hat zum Ziel, bei der Klientin / beim Klienten kognitiv-emotionale Lernprozesse anzuregen, um damit die Selbststeuerungs- und Handlungsfähigkeit zu verbessern. Psychologische Online-BeraterInnen benutzen anerkannte psychologisch-beraterische Methoden und halten sich an medienspezifisch erweiterte berufsethische Standards (Schweigepflicht, Datenschutz, Erkennbarkeit der Beraterkompetenz u.a.).» (a.a.O.) Auch Gefühle lassen sich im Internet übermitteln und eine persönliche Beziehung zwischen Berater und Klient bzw. Beraterin und Klientin kann auch ohne face to face-Kontakt sehr schnell aufgebaut werden, wobei dennoch auch bestehende Grenzen zu beachten sind. Die Onlineberatung ergänzt bisherige Settings, weitet diese aus und konkurriert nicht mit ihnen. Ein Ausbau ist mit der technischen Weiterentwicklung vorprogrammiert, auch bleiben Sicherheit und Datenschutz akute Themen in der Onlineberatung. Anbieter sollten kontrolliert oder durch Berufsverbände speziell lizensiert werden. Theorie und Methode der Onlineberatung muss entwickelt und weiterentwickelt werden. Darüber hinaus sollten Onlineberater verstärkt für Forschungsanliegen offen sein und sich die Spezialisten zum Austausch zusammenschließen und in kooperativer Art zur Entwicklung dieser neuartigen Beratungsform beitragen.

Dr. Josef Lang

Der Dr. phil. & lic. theol. und Psychotherapeut FSP ist tätig in eigener Therapiepraxis in Wettingen (Schweiz), von 1991-95 war er Dozent für Beratungspsychologie in Kyoto, dann Leiter der "Interkonfessionellen Eheberatungsstelle Baden", 1998 Initiant der ersten Internetberatungsstelle für Paare (www.paarberatung.ch) und der Homepage www.onlineberatungen.com, welche auch einen e-Learning Kurs für Onlineberatung umfasst.

Dr. Lang ist Autor mehrerer Artikel und Publikationen zu den Themen Partnerschaft und Onlineberatung, neueste Publikation: "Paar-Kiste" (2010).

„Never argue by Mail“ - Drei Fragen an *Gabriele Schlegel*

***Gabriele Schlegel* ist Lehrbeauftragte an der Fachhochschule Bonn-Rhein-Sieg, Handelsblatt-Kolumnistin und Geschäftsführerin von Business-Behaviour**

Frau Schlegel, Sie trainieren seit Jahren Fach- und Führungskräfte aus Politik und Wirtschaft im Bereich Business Behaviour. Welche Auswirkungen hat die zunehmend mediale Kommunikation auf Stil und Etikette im Berufsleben?

Zwischen Stil und Etikette möchte ich gerne unterscheiden. Der persönliche Stil (eigener Wertekodex) wird *selbstverständlich authentisch* gelebt. Wird der persönliche Wertekodex durch Etikette-Regeln ergänzt, handelt es sich um wirklich *professionellen Stil*. Wird Etikette allerdings losgelöst von Respekt und Wertschätzung angewandt, eventuell sogar manipulativ eingesetzt (nach „oben“ findet sie Anwendung, nach „unten“ nicht) stößt dieses Verhalten bei vielen Menschen auf Ablehnung. Menschen, deren persönlicher Stil beinhaltet, dass mit anderen respektvoll kommuniziert wird, werden dies auch per medialer Kommunikation tun. E-Mail und Brief sind im Außenkontakt eines Unternehmens gleichwertig und sollten sich in der Anrede und dem Sprachgebrauch nicht unterscheiden. Innerhalb eines Unternehmens können selbstverständlich vereinfachte Formen z.B. in der Email-Kommunikation etabliert werden, wenn es dazu einen Konsens unter den Beteiligten gibt. Der Sprachgebrauch ist ein Zeichen der Wertschätzung, da Menschen von der Art und Weise, wie mit ihnen gesprochen wird, ihren Status bemessen. Der schnelle Austausch hat viele Vorteile, aber natürlich auch eine große Leistungsdruck-Komponente. Rückmeldungen werden häufig „umgehend“ erwartet. Betreffzeilen werden mit „wichtig“, „dringend“ „eilig“ versehen und damit die Erwartungshaltung auf schnellstmögliche Reaktion ausgedrückt. Außerdem entsprechen viele Kollegen oder Vorgesetzte nicht mehr der Sorgfalt, Informationsflüsse abzuwägen. Bringt es dem Empfänger, der Empfängerin wirklich einen Mehrwert, diese Information zu haben, oder ist es schlichtweg einfacher Informationen an den allgemeinen E-Mail-Verteiler (der Abteilung, des Referats…) weiterzuleiten. Geschäftliche Umgangsformen haben immer mit Disziplin (Wertschätzung) zu tun.

Die mediale Kommunikation führt mehr und mehr zu einer unpersönlichen Kommunikation, und ich erlebe immer häufiger, dass perfekt ausgebildete Profis „Probleme“ in der unmittelbaren Kommunikation haben, wenn es ums Präsentieren, einen Vortrag halten oder um persönliche Gespräche geht. Wer hier keinen Vorteil aus dem Elternhaus mitbringt, wird langsamer an das professionelle Auftreten, an die äußere Repräsentanz des Unternehmens herangeführt als das im klassischen Geschäftsablauf früher der Fall war. Bei unterschiedlichen Auffassungen und Verärgerungen lohnen sich der Griff zum Telefon oder das persönliche Gespräch. Ich empfehle immer einen Sticker auf dem Monitor mit dem Hinweis „Never argue by email“ Die Schwelle zur Unhöflichkeit/ zu Verletzungen ist im medialen Umgang sehr viel niedriger als im direkten Kontakt. Diese persönlichen Verletzungen sind nicht nur unhöflich, sondern kosten ein Unternehmen auch viel Geld. Betroffene Mitarbeiter werden eine geraume Weile benötigen, um wieder zu einem normalen Arbeitstempo zu kommen.

Was bedeutet "Business Behaviour" für Sie in Zeiten der Mail-, Chat- und Blog-Kommunikation?

Business Behaviour ist in allen Bereichen gleich wichtig. Das Einfache und gleichzeitig Schwierige dabei ist, dass Business Behaviour einer Grundhaltung (Wertekodex) entspricht und daher immer präsent ist. Disziplin und angemessener/ professioneller Respekt sind die Grundlagen von Business Behaviour, und nicht, wie manchmal vermutet wird, übertriebene Höflichkeit und Tanzstundenetikette. Die Fähigkeit, mit der Brille der anderen zu sehen, zu überlegen, wie Beiträge aufgenommen werden, ist ein wichtiges Prüfsystem. Die Gedanken und Wünsche des Senders, der Senderin sind dem Empfänger unbekannt, und die Wahrnehmung ist von der eigenen Mentalität und Gemütslage beeinflusst. Beim Thema Chat und Blog rate ich meinen Kunden, die Beiträge so zu formulieren, dass sie diese gerne am nächsten Tag unter dem eigenem Namen in der Zeitung lesen würden. Wenn bei dieser Frage kein unangenehmes Gefühl aufkommt, ist der Beitrag korrekt.

Welches sind die häufigsten Fehler von Bewerbern bei der Kommunikation mit dem potenziellen Arbeitgeber?

Junge Bewerber haben häufig „spaßige“ Emailadressen. Für die Bewerbung sollte eine seriöse Adresse eingerichtet werden. Bewerbungsunterlagen werden von einer Privatadresse verschickt, nie aus einer Firma. Der/ die Ansprechpartner/in sollte mit dem Namen (korrekte Schreibweise) angeschrieben werden. Wenn der Name nicht bekannt ist, bitte telefonisch nachfragen. Auf ein „Sehr geehrte Damen und Herren“ muss verzichtet werden. Falls der potentielle Arbeitgeber Wünsche bezüglich der Bewerbungsunterlagen angibt, sollten diese genau berücksichtigt werden. Bewerber beschäftigen sich häufig nicht genug mit der Betreffzeile. Sie sollte eindeutig sein, Namen, Fachrichtung etc. beinhalten, knapp und informativ! Nach einigen Tagen – vor Einsendeschluss – sollte per Telefon nachgefragt werden und der Eingang aller Unterlagen bestätigt werden. Auch wenn im Vorfeld ein Telefongespräch stattgefunden hat, das auffallend *locker* war, sollte auf Emoticons und Smileys verzichtet werden! Eine Telefonnummer für eventuelle Rückfragen sollte unbedingt angegeben werden. Telefonate sollten unbedingt stichpunktartig festgehalten werden. Ein höflicher Schreibstil ist wichtig, gleichwohl sollten Fremdwörter und „geschraubte“ sowie umgangssprachliche Redewendungen vermieden werden. Anhänge dürfen nicht zu groß sein und sollten in der richtigen Reihenfolge angehängt werden. Die Rechtschreibkontrolle lieber zweimal durchlaufen lassen und grammatikalische Kontrolle vornehmen! Sicherheitshalber die E-Mail an die eigene Adresse schicken, Anhänge öffnen und alles kontrollieren. Signatur mit Vor- und Zuname, Adresse und Telefonnummer (auch Handy); nun noch die Lesebestätigung aktivieren.

Vielen Dank für das Gespräch.

7 ePlacement-Kosteneffizienz mit Förderungen kombinieren

*Von Christian M. Böhnke**

Wenn Unternehmen oder auch betroffene Mitarbeiter in der Praxis auf professionelle Outplacementmaßnahmen verzichten, erwies sich fast immer der Faktor Kosten als wesentlichster Engpassfaktor bei der Entscheidung gegen eine Outplacement-Maßnahme. Wie beschrieben, war daher das Ziel bei der Entwicklung von ePlacement, Kosten durch mediale Betreuung gepaart mit einer, sich aus der individuellen Betreuung des Einzelnen ableitenden höheren (und schnelleren!) Vermittlungsquote, einzusparen, um Outplacement auch rein monetär für Unternehmen interessant zu machen. Denn über eine solide belegte Kosten-Nutzen-Argumentation lässt sich auch gegenüber dem hauseigenen Controlling immer noch am Leichtesten darstellen, dass es sich für einen Arbeitgeber sogar »rechnet«, in eine sozialverträgliche Freisetzungskultur und damit auch in die »Zufriedenheit« seiner verbleibenden Mitarbeiter zu investieren. Ökonomisches Denken in Bezug auf Humanressourcen stellt personalwirtschaftlich zwar in Rechnung, dass von Mitarbeitern, die um ihren Arbeitsplatz fürchten, kaum volle Produktivität und schon gar keine Treue zum Arbeitgeber zu erwarten ist, lässt sich aber regelmäßig nur sehr schwer in Zahlen ausdrücken. Und so führt im internationalen Wettbewerb der Weg zu lokaler Sozialverträglichkeit wohl nur über ökonomisch nachvollziehbare Antworten auf die Frage, warum ein Arbeitgeber in Mitarbeiter investieren soll, die er im Zuge von Restrukturierungen entlassen will oder muss. Besonders interessant unter dem Kostenaspekt wird ePlacement durch die sich in § 216a SGB III bietende »Förderung der Teilnahme an Transfermaßnahmen«.

7.1 Transferleistungen im Arbeitsförderungsrecht

In § 216a und b SGB III regelt das Arbeitsförderungsgesetz die Rahmenbedingungen für eine staatlich geförderte Transferunterstützung. Beide Normen sehen dabei jedoch auch finanzielle Beteiligungen des Arbeitgebers vor. Im Sinne des vom Gesetzgeber erhobenen Postulats »Vorrang der Vermittlung« (§ 4 SGB III), hat dabei die in §216a SGB III geregelte Förderung der Teilnahme an Transfermaßnahmen deutlich bessere Erfolgsaussichten als etwa das Instrument Transfergesellschaft.

(§ 216b SGB III): Eine Transferförderung nach § 216a SGB III setzt wesentlich früher im Trennungsprozess an – im Idealfall noch vor der Kündigung. Aus prozesslogischen und personalpsychologischen Gründen ist der Transfer eines Mitarbeiters, der noch bei einem »normalen« Arbeitgeber beschäftigt ist, erheblich chancenreicher als der aus einer Transfergesellschaft heraus. Zu beachten sind dabei die unterschiedlichen Zielsetzungen des Transfers. Während für den Arbeitnehmer das Ziel die Unterzeichnung eines neuen Arbeitsvertrags ist, lautet das Ziel eines personalökonomisch denkenden Arbeitgebers: Mit den eingesetzten Personalressourcen einen optimalen Ertrag erzielen. Danach zielen Transfermaßnahmen vor allem auf die Produktivität der verbliebenen Mitarbeiter.

Welche finanziellen Mittel der Arbeitgeber dafür mindestens aufbringen muss, bestimmt § 216a II SGB III. Ab Januar 2011 soll mit dem Beschäftigungschancengesetz (siehe nachfolgendes Kapitel: Beschäftigungschancengesetz) der Einsatz öffentlicher Gelder effizienter werden. Deshalb bleibt es in § 216a SGB III zwar bei der 50-prozentigen Förderung mit der Höchstgrenze von »2.500 € je gefördertem Mitarbeiter«, doch müssen die Maßnahmenkosten künftig »erforderlich und angemessen« sein.

§ 216a Förderung der Teilnahme an Transfermaßnahmen

(1) Die Teilnahme von Arbeitnehmern, die auf Grund von Betriebsänderungen oder im Anschluss an die Beendigung eines Berufsausbildungsverhältnisses von Arbeitslosigkeit bedroht sind, an Transfermaßnahmen wird gefördert, wenn

1. sich die Betriebsparteien im Vorfeld der Entscheidung über die Einführung von Transfermaßnahmen, insbesondere im Rahmen ihrer Verhandlungen über einen die Integration der Arbeitnehmer fördernden Interessenausgleich oder Sozialplan nach § 112 des Betriebsverfassungsgesetzes, durch die Agentur für Arbeit beraten lassen,

2. die Maßnahme von einem Dritten durchgeführt wird,

3. die vorgesehene Maßnahme der Eingliederung der Arbeitnehmer in den Arbeitsmarkt dienen soll,

4. die Durchführung der Maßnahme gesichert ist und

5. ein System zur Sicherung der Qualität angewendet wird.

Transfermaßnahmen sind alle Maßnahmen zur Eingliederung von Arbeitnehmern in den Arbeitsmarkt, an deren Finanzierung sich Arbeitgeber angemessen beteiligen. Als Betriebsänderungen im Sinne des Satzes 1 gelten Betriebsänderungen im Sinne des § 111 des Betriebsverfassungsgesetzes unabhängig von der Unternehmensgröße und der Anwendbarkeit des Betriebsverfassungsgesetzes im jeweiligen Betrieb.

(2) Die Förderung wird als Zuschuss gewährt. Der Zuschuss beträgt 50 Prozent der erforderlichen und angemessenen Maßnahmenkosten, jedoch höchstens 2500 Euro je gefördertem Arbeitnehmer.

(3) Eine Förderung ist ausgeschlossen, wenn die Maßnahme dazu dient, den Arbeitnehmer auf eine Anschlussbeschäftigung im gleichen Betrieb oder in einem anderen Betrieb des gleichen Unternehmens oder, falls das Unternehmen einem Konzern angehört, in einem Betrieb eines anderen Konzernunternehmens des Konzerns vorzubereiten. Durch die Förderung darf der Arbeitgeber nicht von bestehenden Verpflichtungen entlastet werden. Von der Förderung ausgeschlossen sind Arbeitnehmer des öffentlichen Dienstes mit Ausnahme der Beschäftigten von Unternehmen, die in selbstständiger Rechtsform erwerbswirtschaftlich betrieben werden.

(Vgl. Gesetzestext in der Fassung ab 01. Januar 2011)

Gesetzesbegründung zur Änderung des § 216a Absatz 1 Satz 1

„Die Änderung in Absatz 1 Satz 1 stellt sicher, dass die AA die Betriebsparteien frühzeitig über arbeitsmarktpolitisch sinnvolle Maßnahmen zur Eingliederung der von Arbeitslosigkeit bedrohten Arbeitnehmer beraten können, zum Beispiel über Vermittlung von Arbeit in Arbeit, ggf. nach vorangegangener Qualifizierung. Die frühe Beratung soll auch dazu beitragen, dass die Fördervoraussetzungen nach § 216a im Interessenausgleich und Sozialplan berücksichtigt werden. Darüber hinaus kann über die Höhe der Leistungen nach § 216a sowie das Verfahren informiert werden.

Der bisherige Begriff der aufzuwendenden Maßnahmekosten führte in einigen Fällen zu unangemessen hohen Maßnahmekosten. Deshalb bedarf es einer Konkretisierung. Künftig sind die erforderlichen und angemessenen Maßnahmekosten Grundlage für die Berechnung des Zuschusses. Erforderlich sind Maßnahmekosten, wenn keine günstigere Maßnahme verfügbar ist, durch die das verfolgte Ziel gleichermaßen erreicht werden kann. Das Kriterium der Angemessenheit der Maßnahmekosten erlaubt die notwendige Feststellung der Verhältnismäßigkeit zwischen dem verfolgten Ziel und den eingesetzten Mitteln.“[55] Quelle: Bundesagentur für Arbeit

7.2 Förderungsvoraussetzungen bei Transfermaßnahmen nach § 216a SGB III

Damit Outplacement als geförderte Transfermaßnahme eingesetzt werden kann, müssen relativ leicht zu erfüllende formale Grundlagen gegeben sein (vgl. nachfolgende siehe Checkliste »§ 216a SGB III«).

Checkliste: Die wichtigsten Förderungsvoraussetzungen

Zu den wichtigsten Förderungsvoraussetzungen zählen:[56]

- Betriebsänderung: Transfermaßnahmen werden nur gefördert, wenn Mitarbeiter von Arbeitslosigkeit bedroht sind und diese Bedrohung von einer »Betriebsänderung« herrührt. Was der Gesetzgeber unter einer Betriebsänderung versteht, listet § 111 BVerfG in fünf Punkten auf. Doch auch die Entlassung von Arbeitnehmern allein kann schon als Betriebsänderung gelten, wenn die Zahl der Entlassenen im Verhältnis zur Gesamtzahl der Beschäftigten als »erheblicher Teil« zu sehen ist. Wie viele Mitarbeiter wiederum einen »erheblichen Teil« eines Betriebs ausmachen, ist nach der Rechtsprechung des BAG aus den Zahlenangaben des § 17 KSchG abzuleiten, mit der Besonderheit, dass mindestens fünf % der Belegschaft betroffen sein müssen (vgl. BAG v. 7.8.1990 AP BetrVG 1972 § 111 Nr. 30).

- Förderungsberechtigung: An geförderten Transfermaßnahmen nach § 216a SGB III können alle Mitarbeiter teilnehmen, die »versicherungspflichtig« beschäftigt sind, »alsbald mit der Beendigung der Beschäftigung rechnen müssen« und »voraussichtlich nach dem Ende der Beschäftigung arbeitslos werden«. (§ 17 SGB III).

§ 216a SGB III bestimmt zudem ausdrücklich, dass Transfermaßnahmen unabhängig von der Unternehmensgröße förderungswürdig sind. Eine Förderung können also auch Arbeitnehmer in Betrieben mit weniger als zwanzig Mitarbeitern in Anspruch nehmen.

Beschäftigte des Öffentlichen Dienstes haben einen Förderungsanspruch, wenn sie in Betrieben arbeiten, »die in selbstständiger Rechtsform erwerbswirtschaftlich betrieben werden«. Dazu gehören zum Beispiel Verkehrsgesellschaften in öffentlicher Hand oder Sparkassen.

- Beratungspflicht: Ab Januar 2011 müssen »sich die Betriebsparteien im Vorfeld der Entscheidung über die Einführung von Transfermaßnahmen« von der zuständigen Agentur für Arbeit beraten lassen, »insbesondere im Rahmen ihrer Verhandlungen über einen die Integration der Arbeitnehmer fördernden Interessenausgleich oder Sozialplan nach § 112 des Betriebsverfassungsgesetzes« (§ 216a I SGB III). Das »Beschäftigungschancengesetz« macht aus dem bisherigen Beratungsangebot der Agenturen für Arbeit eine zwingende Förderungsvoraussetzung (siehe Checkliste »Agentur für Arbeit«).

Auswirkungen des BeschCG für Transferförderungen nach § 216 ff

Mit Inkrafttreten des Beschäftigungschancengesetzes zum 1. Januar 2011 gelten sowohl für die Förderung von (Outplacement)-Transfermaßnahmen, als auch für das Transferkurzarbeitergeld neue gesetzliche Vorgaben. Beide im Rahmen von Personalreduzierungen beliebten Finanzierungsinstrumente sind erstmals seit ihrer Einführung wesentlich geändert worden. Angesichts gewandelter tatsächlicher Rahmenbedingungen spricht dabei einiges dafür, dass sich hiermit künftig die Regelungsschwerpunkte in Sozialplänen verschieben könnten.

Die gesetzlichen Neuregelungen der Transferleistungen treten am 01. Januar 2011 in Kraft. Durch das Beschäftigungschancengesetz ergeben sich folgende wesentliche Änderungen:

- Verpflichtende Beratung im Vorfeld durch die Bundesagentur für Arbeit (§§ 216a + 216b SGB III)
- Erstattung der erforderlichen und angemessenen Maßnahmekosten (§ 216a SGB III)
- Sicherstellung des Integrationserfolges durch Organisation und Mittelausstattung der betriebsorganisatorisch eigenständigen Einheiten (beE)
- Anwendung eines Systems zur Qualitätssicherung
- Verpflichtende Arbeitssuchendmeldung vor Übergang in eine Transfergesellschaft
- Vermittlungsvorschläge durch Arbeitgeber während des Bezuges von Transferkurzarbeitergeld sowie Angebot von geeigneten (AZWV) Maßnahmen bei Qualifizierungsdefiziten (Agentur für Arbeit ist bei der Festlegung von Maßnahmen zu beteiligen)
- Monatliche statistische Übermittlung des Arbeitgebers mit dem Antrag auf Transferkurzarbeitergeld."[57]

Ziele des Gesetzes

„Mit dem Gesetz zur Verbesserung der Beschäftigungschancen am Arbeitsmarkt – Beschäftigungschancengesetz – vom 27. Oktober 2010 (BGBl. I S. 1417) wurden die Regelungen zur Förderung der Teilnahme an Transfermaßnahmen und des Transferkurzarbeitergeldes (Transfer-KuG) modifiziert.

Personalanpassungsmaßnahmen, die bspw. im Rahmen einer angestrebten Einschränkung oder Stilllegung des ganzen Betriebs bzw. von wesentlichen Betriebsteilen regelmäßig stattfinden, lösen unter den Voraussetzungen der §§ 111 ff. BetrVG gegenüber dem Betriebsrat Unterrichtungs- und Beratungspflichten aus. Bei den Beratungen, die bereits vor dem Abschluss der Planung stattfinden müssen, ist über einen Interessenausgleich und über einen Sozialplan zu verhandeln. Während Ersterer regelt, ob, wann, und in welchem Umfang die Betriebsänderung stattfindet, betrifft der Sozialplan die Frage, wie sich die wirtschaftlichen Nachteile für die betroffenen Arbeitnehmer ausgleichen bzw. mildern lassen können.

Einigen sich die Betriebsparteien nicht, kommt die aus zu gleichen Teilen mit Arbeitgeber- und Arbeitnehmervertretern besetzte Einigungsstelle ins Spiel. Dort werden die Verhandlungen unter Vorsitz eines neutralen Dritten – meist ein Arbeitsrichter – fortgesetzt. Den Abschluss eines Interessenausgleichs kann man auch in einer Einigungsstelle nicht erzwingen. Entsprechende Verhandlungen zu führen, ist aber schon im Sinne einer mitarbeiterorientierten Führungskultur sowie rechtlich im Interesse des Unternehmens, um Ansprüche betroffener Mitarbeiter auf Nachteilausgleich auszuschließen, § 113 Abs. 3 BetrVG. Abgesehen von bestimmten Fällen des reinen Personalabbaus – vgl. § 112a BetrVG – sind Sozialpläne hingegen grundsätzlich erzwingbar. Bei ihrer Entscheidung sollte die Einigungsstelle insbesondere die im SGB III vorgesehenen Förderungsmöglichkeiten zur Vermeidung von Arbeitslosigkeit berücksichtigen.

Veränderte Rahmenbedingungen für Sozialpläne

Früher waren Sozialpläne in erster Linie als Abfindungssozialpläne ausgestaltet, d. h. der Schwerpunkt lag auf einer Entschädigung für das Ende des Arbeitsverhältnisses. Doch vor dem Hintergrund des Kostendrucks in den Unternehmen sowie der zunehmenden Anerkennung einer mitarbeiterorientierten Unternehmenspolitik als Grundlage erfolgreichen Wirtschaftens verlagerte sich der Fokus in den vergangenen Jahren auf die Vermittlung („Transfer") in ein Anschlussarbeitsverhältnis. Klassisches Einzel-Outplacement mit weitgehend anbieterunabhängigen Erfolgsquoten von 90 bis 95 % kann hier sicherlich die beste Bilanz vorweisen, scheidet aufgrund seiner Kostenintensität bei Nicht-Führungskräften aber aus, so dass wir uns hier auf die Transferinstrumente Gruppen-Outplacement oder e-Outplacement („ePlacement") sowie Transfergesellschaften konzentrieren.

Bei Massenentlassungen griffen Unternehmen in der Vergangenheit oft bei den sog. Transfersozialplänen auf Beschäftigungs- und Qualifizierungsgesellschaften (BQG, auch Transfergesellschaften genannt) zurück. Im Wesentlichen wird eine neue Gesellschaft gegründet, in die der Beschäftigte mittels eines dreiseitigen Vertrags zwischen Arbeitgeber, Arbeitnehmer und Gesellschaft überwechselt. Der Mitarbeiter soll damit nicht nur die mit einer – sonst drohenden – betriebsbedingten Kündigung verbundene Arbeitslosigkeit vermeiden können, sondern auch professionelle Hilfe bei der Vermittlung in ein neues Arbeitsverhältnis erhalten. Finanziert wird eine solche Maßnahme zu beachtlichen Teilen durch Transferkurzarbeitergeld. Allerdings sind der Nutzen und die Qualität von BQG zunehmend in der Diskussion.

Nicht zuletzt aufgrund negativer Erfahrungen und Berichterstattung werden sie häufig noch als „Frühverrentungs-" oder „Abschiebungsgesellschaften" wahrgenommen. Die zentralen Vorteile aus Arbeitgebersicht, nämlich Imagepflege und unmittelbare Kosteneinsparungen durch vermiedene Prozesse, abgekürzte Kündigungsfristen sowie staatliche Förderung, werden dadurch jedenfalls teilweise entwertet. Da der Übergang des Arbeitnehmers nur freiwillig möglich ist, müssen Unternehmen hier künftig mehr als noch bisher (finanzielle) Überzeugungsarbeit durch begleitende Abfindungen und Aufstockungsbeträge leisten.

Verschärfte Förderungsvoraussetzungen für Transfergesellschaften

Auch der Gesetzgeber steht Transfergesellschaften offenbar zunehmend kritisch gegenüber und versucht, durch mehr Kontrolle eine effektivere Arbeitnehmerqualifizierung sicherzustellen. Deutlich erhöhte er in diesem Zusammenhang die Voraussetzungen des Anspruchs auf Transferkurzarbeitergeld gem. § 216b SGB III. Die betrieblichen Voraussetzungen für die Transfergesellschaft wurden um zwei entscheidende Punkte erweitert, (vgl. auch Paulsen, Arbeit und Arbeitsrecht 11/10, S. 640 ff.): Seit dem Jahreswechsel muss „die Organisation und Mittelausstattung (...) den angestrebten Integrationserfolg erwarten lassen" und „ein System zur Sicherung der Qualität angewendet werden". Die höheren Anforderungen an Infrastruktur und Qualitätssicherungsmaßnahmen sollen eine erfolgreichere Eingliederungstätigkeit als bisher sicherstellen. Wie diese im Detail aussehen sollen, ist der Gesetzesbegründung jedoch nicht zu entnehmen. Zudem müssen sich die Betriebsparteien zwingend durch die Agentur für Arbeit (BA) beraten lassen – und zwar bereits im Vorfeld der Entscheidung über die Inanspruchnahme von Transferkurzarbeitergeld. Aus nachvollziehbarem Grund fordert der stellvertretende Vorsitzende des *Bundesverbands der Träger im Beschäftigtentransfer (BVBT),* Michael Wacker, in *Arbeit und Arbeitsrecht* 01/2011, dass „eine nicht ausreichend frühzeitige Einbeziehung der BA in den Interessensausgleich (…) nicht zum Förderausschluss führen" dürfe. „Nicht zu Unrecht" befürchteten Unternehmen, „dass frühzeitige Informationen über Entlassungen negative Auswirkungen auf die Geschäftstätigkeit haben"[58]

Nach den Vorstellungen des Gesetzgebers soll dies insbesondere auch bei Interessenausgleichs- oder Sozialplanverhandlungen erfolgen. Auch bei der späteren Festlegung geeigneter Qualifizierungsmaßnahmen ist die BA künftig teilweise zu beteiligen (vgl. § 216b Abs. 6 SGB III).

Das Unternehmen muss der BA ferner monatlich mit dem Antrag auf Transferkurzarbeitergeld detaillierte Daten zu den einzelnen Leistungsbeziehern übermitteln. Mit der ersten Übermittlung sind zusätzlich Daten über die Struktur der Transfergesellschaft und die Betriebsnummer des personalabgebenden Betriebs mitzuteilen.

Förderung der Teilnahme an Transfermaßnahmen

Weniger gravierend fallen die Änderungen bei der Förderung der Teilnahme an Transfermaßnahmen aus: § 216a SGB III sieht wie beim Transferkurzarbeitergeld eine Verpflichtung zur vorhergehenden Beratung der Betriebsparteien durch die BA vor. Im Übrigen sind weiterhin nur Maßnahmen förderungsfähig, die nicht über das Ende des Beschäftigungsverhältnisses hinausgehen und alle weiteren gesetzlichen Voraussetzungen (Durchführung durch einen Dritten, Dienlichkeit für die Eingliederung in den Arbeitsmarkt, Sicherung der

Maßnahmendurchführung, Anwendung eines Systems zur Qualitätssicherung) erfüllen. Zwar bleibt auch der absolute Höchstbetrag mit 2.500 Euro je geförderten Arbeitnehmer unverändert. Statt wie bisher 50 % der „aufzuwendenden“ Maßnahmenkosten werden aber künftig nur noch 50 % der „erforderlichen und angemessenen“ Maßnahmenkosten bezuschusst.

„Erforderlich“ sind die Kosten laut Gesetzesbegründung, wenn keine günstigere Maßnahme verfügbar ist, durch die das verfolgte Ziel gleichermaßen erreicht werden kann. Entscheidend wird damit künftig sein, was die Bundesagentur unter einer „günstigeren“ und gleichzeitig genauso wirksamen Maßnahme versteht. Beim grundsätzlich förderungsfähigen Outplacement liegt es nahe, hier auf moderne Formen wie „ePlacement” zurückzugreifen, bei dem sich durch den Einsatz moderner Kommunikationsmittel Kostenvorteile ergeben. Insgesamt halten sich jedoch die Auswirkungen des Beschäftigungschancengesetzes in Grenzen – jedenfalls für zeitgemäße und vermittlungsorientierte Transfermaßnahmen. Andere Auffanggesellschaften hingegen werden durch den erhöhten bürokratischen Aufwand und eine unsichere Rechtslage (hierzu kritisch Paulsen[59]) tendenziell eher etwas unattraktiver für Unternehmen. Da zudem die jüngsten Kennzahlen aus Wirtschaft und Arbeitsmarkt auf eine Erholung und damit mehr freie Stellen hindeuten, spricht insgesamt viel dafür, künftig noch stärker als bisher die schnelle Neupositionierung auf dem Arbeitsmarkt in den Mittelpunkt von Sozialplanverhandlungen zu stellen.

Die gleichzeitige Förderung einer Transfermaßnahme und der Bezug von Transferkurzarbeitergeld sind allerdings ausgeschlossen (vgl. § 216a Abs. 5 SGB III). Empfehlenswert erscheint deshalb eine sukzessive Staffelung von Transfermaßnahmen und Transfergesellschaft, wobei man von den individuellen Bedürfnissen der betroffenen Mitarbeiter ausgehen sollte. Outplacement lässt sich als Transfermaßnahme nach innen und außen positiv vermitteln, da der Arbeitgeber die entsprechenden Beratungsleistungen freiwillig organisiert und sie nicht – wie bei einer Transfergesellschaft – auf gesetzlichem Zwang (vgl. § 216b Abs. 6 Satz 1 SGB III) basieren.

**Inhaltlich teilweise übernommen aus: Böhnke, Christian M.; Kreuziger, Sebastian W.: „Nach dem Beschäftigungschancengesetz“, Arbeit und Arbeitsrecht 01/2011 (Huss).*

Mit freundlicher Genehmigung des Huss-Verlages.

„Werte bieten Orientierung" - Drei Fragen an *Thomas Belker*

Thomas Belker ist Managing Director Human Resources der OBI Group Holding GmbH

Herr Belker, Studien bestätigen oft einen deutlichen Produktionsverlust bei Change Management in Folge von aktivem oder passiven Widerstand seitens der Belegschaft. Welches sind für Verantwortliche HR-Manager die Key Issues für erfolgreiche Veränderungen?

Veränderungsprozesse müssen nachhaltig und transparent angelegt sein. Dazu bedarf es vor allem einer ganzheitlichen Kommunikation. Durch die Digitalisierung und insbesondere die veränderten Kommunikationsgewohnheiten durch die Sozialen Medien gewinnen Veränderungsprozesse eine neue Dynamik. Kommunikation erfolgt nicht mehr länger nur top down durch das Unternehmen, sondern auch in Mitarbeiternetzwerken jenseits der Einflussnahme und Kontrolle des Unternehmens. Als Folge sind Veränderungsprozesse geprägt durch anonyme Meinungsbildung und Eigendynamik.

In diesem neuen Umfeld gilt: Die Vermittlung von Unternehmenswerten im Sinne des Unternehmensziels bietet eine Orientierung für Mitarbeiter und fördert somit den Erfolg von Veränderungsprozessen. Des Weiteren stellt sich ein Erfolg desto eher ein, je mehr ein Unternehmen, sowohl auf der prozessualen als auch auf der kulturellen Veränderungsebene, integrativ vorgeht. Das Unternehmen sollte sich mit den Netzwerken der Mitarbeiter vertraut machen, sich in diese integrieren und die Teilnehmer von der Sinnhaftigkeit der Veränderung überzeugen. Somit führt die Zwei-Wege-Integration in einem Veränderungsprozess zu einem gemeinschaftlichen Miteinander.

Welche Rolle spielt dabei auch der Faktor Verunsicherung, z.B. durch erwarteten Personalabbau im Hause, und wie steht es generell um die Veränderungsbereitschaft und –fähigkeit innerhalb der Belegschaft?

Ungewissheit weckt Ängste – eine natürliche Reaktion des Menschen vor dem Unbekannten. Verunsicherung resultiert aus der Komplexität und der fehlenden Beständigkeit, die den heutigen Unternehmensalltag prägen.

Mitarbeiter haben das Bedürfnis, Klarheit über die Zukunft des Unternehmens und ihre Aufgaben zu erhalten. Dies kann vom Unternehmen gefördert werden, indem durch Worte, Aktivitäten und Bilder die Zukunftsvorstellung definiert und anschaulich beschrieben wird. Kommt es dann dennoch zu unvorhergesehenen Ereignissen, verstehen das die Mitarbeiter, wenn sie rechtzeitig und umfassend informiert werden. Veränderungsbereitschaft und –fähigkeit ist immer dann am Größten, wenn gemeinschaftliches Handeln entsteht und Mitarbeiter aktiv am Wandel beteiligt werden.

Welche Bedeutung haben Outplacementmaßnahmen nach Ihrer Einschätzung für eine Deeskalation innerhalb der Belegschaft bei Personalanpassungen und damit einhergehendem reduziertem Widerstand gegen Veränderungen?

Outplacement-Maßnahmen können deeskalierend wirken und Widerstände bei Personalanpassungen abschwächen. Entscheidend ist, dass die Maßnahmen nicht nur ein Feigenblatt sind, sondern Führungskräfte und Personalbereich weiter aktive Ansprechpartner bleiben. Outplacement muss intensiv und langfristig angeboten werden. Für die Akzeptanz braucht es auch kommunizierte Erfolge unter den Beteiligten. Je eher Mitarbeiter neue Arbeitsplätze finden, desto besser.

Die Attraktivität der Perspektive Outplacement steigt, je rechtzeitiger die Mitarbeiter von den Entscheidern in den Prozess der Veränderung einbezogen werden und Wertschätzung erfahren.

Vielen Dank für das Gespräch.

8 Personalabbau ohne Kündigungen: ePlacement on the job

Von Dr. Martin Hensche & Christian M. Böhnke

In der Regel wissen die HR-Entscheider auf der Unternehmensseite bereits viele Monate vor der eigentlichen Bekanntgabe von anstehenden Freisetzungen. Oft ist das Unternehmen jedoch weiterhin auf die Produktivität und Leistungsfreude der betroffenen Mitarbeiter angewiesen, so dass eine Freistellung nicht in Frage kommt. Oftmals sind es auch gerade kündigungsgeschützte Mitarbeiter oder gar Beamte, für die es in ihrem Unternehmen keine Verwendung mehr gibt oder künftig nicht mehr geben wird. Eine für alle Beteiligten wenig befriedigende Aussicht, wobei letztere in der Regel kaum ihre Arbeitsplatzsicherheit aufgeben werden ohne entsprechende Alternative. Hier setzt das Konzept ePlacement on the job an, welches nach Jahren der bewährten medialen Kommunikation geradezu prädestiniert ist für einen berufsbegleitenden Einsatz – „on the job". Dies wirft arbeitsrechtlich folgende Möglichkeiten auf:

Variante 1: Umwandlung des Arbeitsvertrags in einen auflösend bedingten Vertrag

Eine beiderseits bindende Vereinbarung über das bevorstehende ePlacement sowie über die Einzelheiten der im Erfolgsfall anstehenden Arbeitsvertragsauflösung kann durch Umwandlung des Arbeitsvertrags in einen auflösend bedingten Vertrag herbeigeführt werden. Die auflösende Bedingung ist dabei der Abschluss eines neuen Arbeitsvertrags.

a) Die wesentlichen Inhalte einer solchen arbeitsvertraglichen Vereinbarung sind vor allem die Pflicht des Arbeitgebers zur Finanzierung der Maßnahme, ggf. auch die weitergehende Pflicht zur Förderung durch teilweise Freistellung des Arbeitnehmers von der Arbeit, sowie die im Gegenzug vereinbarte Pflicht des Arbeitnehmers zur engagierten Teilnahme an dem ihm angebotenen ePlacement. Mit Erfolg der ePlacement-Maßnahme kommt es zu einem neuen Arbeitsvertrag mit einem anderen Arbeitgeber, womit das bestehende Arbeitsverhältnis automatisch, d.h. ohne dass weitere rechtliche Erklärungen oder Vereinbarungen nötig wären, aufgelöst ist. Der Neuabschluss eines anderweitigen Arbeitsvertrags, d.h. genauer gesagt der Beginn des neuen Arbeitsverhältnisses, ist somit auflösende Bedingung für den bestehenden Arbeitsvertrag.

> „ePlacement on the job bietet maximale Sicherheit plus externe Perspektiven – auch für Mitarbeiter mit Kündigungsschutz."

Rückfahrschein als zusätzliche Absicherung

Ferner ist für diesen Fall eine Abfindung festzulegen, ggf. auch eine Zeugnisnote zu vereinbaren. Eine im beiderseitigen Interesse naheliegende Ergänzung der Vereinbarung besteht in dem Anspruch des Arbeitnehmers auf Rückkehr zum alten Arbeitsverhältnis für den Fall der Auflösung des neuen Arbeitsverhältnisses in den ersten sechs Monaten seines Bestehens, d.h. während der Wartezeit des § 1 Abs. 1 KSchG („Rückfahrschein"). Wird dem Arbeitnehmer ein solches Rückfahrtticket zugestanden, sollte der Abfindungsanspruch erst dann fällig werden, wenn das Rückfahrtticket durch Zeitablauf ungültig geworden ist, d.h. der Arbeitnehmer die Wartezeit hinter sich gebracht hat.

b) Den Vorteilen einer solchen Gestaltungsweise, die vor allem in einer beiderseitigen formellen Verpflichtung hinsichtlich der Ziele des Placement-Prozesses bestehen, stehen nicht unerhebliche rechtliche Risiken gegenüber.

aa) Der wesentliche Vorteil einer solchen rechtlichen Gestaltung liegt in der beiderseits verbindlichen Pflicht zur Kooperation im Rahmen des ePlacements. Wer als Arbeitnehmer einer solchen förmlichen Vertragsvereinbarung zustimmt, wird seine Pflicht zur Mitwirkung an dem Placement eher ernst nehmen als jemand, dem eine solche Maßnahme lediglich durch den Arbeitgeber und/oder durch ein von diesem beauftragtes Personaldienstleistungsunternehmen angeboten wird.

Ein weiterer Vorteil liegt in der abschließenden Fixierung der Voraussetzung und der rechtlichen und finanziellen Folgen einer Vertragsbeendigung. Zwar lässt sich grundsätzlich nicht ausschließen, dass der Arbeitnehmer oder der Arbeitgeber kurz vor Eintritt der Bedingung, d.h. im Fall eines möglichen greifbaren Erfolgs des Placements, über die bislang vereinbarten Beendigungskonditionen nochmals verhandeln (wollen), doch würde dies von der jeweiligen Gegenpartei als unlauteres Nachkarten empfunden. Wer das fertige Paket nochmals aufschnüren möchte, hätte daher verhandlungspsychologische Widerstände zu überwinden.

bb) Diesen Vorteilen einer Umwandlung des Arbeitsvertrags in einen auflösend bedingten Vertrag stehen allerdings einige rechtliche Nachteile gegenüber. Insbesondere ist eine solche Vereinbarung nur wirksam bei Vorliegen eines sachlichen Grundes für den Automatismus der Vertragsbeendigung, der sich infolge der auflösenden Bedingung ergibt (§ 21 in Verb. mit § 14 Abs.1 TzBfG).

aaa) Nach der Rechtsprechung des BAG untersteht ein Aufhebungsvertrag zwar nicht der Befristungskontrolle gemäß den Vorschriften des TzBfG, sodass auch bei mehrmonatiger Restlaufzeit des Arbeitsverhältnisses, das infolge der Placement-Vereinbarung zur Abwicklung ansteht, ein Sachgrund für die Befristung nicht unbedingt erforderlich ist. Voraussetzung ist allerdings, dass der Aufhebungsvertrag auf die „alsbaldige Beendigung“ und nicht etwa auf die befristete Fortsetzung des Arbeitsverhältnisses gerichtet ist (BAG, Urteil vom 12.01.2000, 7 AZR 48/99 – JURIS). Damit stellt sich das Problem der Abgrenzung zwischen einem befristungskontrollfreien Aufhebungsvertrag und einem (sachgrund-)befristeten Arbeitsvertrag (dazu vgl. Meinel/Heyn/Herms, TzBfG, Kommentar, 3.Aufl. 2009, § 14 Rn. 24).

Obwohl das BAG wie erwähnt für einen kontrollfreien Aufhebungsvertrag im Ausgangspunkt einen „zeitnahen“, idealtypischerweise an den jeweiligen Kündigungsfristen orientierten (BAG, Urteil vom 07.03.2002, 2 AZR 93/01, Rn. 30 – JURIS) Beendigungstermin verlangt, ist es hier großzügig und akzeptiert bei Vorliegen von Begleitumständen und

Vertragsinhalten, die für einen Aufhebungsvertrag charakteristisch sind, auch Restlaufzeitverlängerungen, die die Kündigungsfristen deutlich übersteigen (BAG, Urteil vom 15.02.2007, 6 AZR 286/06 – JURIS: Hier war eine Laufzeitverlängerung von zwölf Monaten vereinbart worden).

Bei der hier in Rede stehenden Umwandlung des Arbeitsvertrags in einen auflösend bedingten Vertrag kann man einen zeitnahen Beendigungstermin schwerlich festlegen, da ja eine auflösende Bedingung vereinbart wird und infolgedessen bereits das „Ob" der Vertragsauflösung ungewiss ist. Außerdem kann die Dauer des ePlacements – bis hin zum Beginn eines ggf. eingegangenen neuen Arbeitsverhältnisses – die Kündigungsfristen deutlich übersteigen. Vor allem aber sind für Placement-Vereinbarungen nicht nur Abfindungs- und Zeugnisregelungen prägend, d.h. typische Elemente von Aufhebungsverträgen, sondern auch andere Vertragsinhalte wie insbesondere die beiderseitige Pflicht zur Unterstützung der Placementmaßnahmen, die in Bezug auf die (mögliche!) Beendigung des Arbeitsverhältnisses „ergebnisoffen" sind. Daher unterscheidet sich eine Placement-Vereinbarung nicht nur hinsichtlich der Restlaufzeit, sondern auch in anderen wesentlichen Hinsichten von einem Aufhebungsvertrag.

Im Ergebnis dürfte daher die vom BAG aufgestellte Regel, dass die nachträgliche vertragliche Befristung eines unbefristeten und unter Kündigungsschutz stehenden Arbeitsverhältnisses eines sachlichen Grundes im Sinne der arbeitsrechtlichen Befristungskontrolle bedarf (BAG, Urteil vom 07.03.2002, 2 AZR 93/01, Rn. 30 – JURIS), auf die hier erörterte Placement-Vereinbarung anwendbar sein.

bbb) Ist aber nach dem Vorstehenden die Vereinbarung, dass die Begründung bzw. der Beginn eines neuen Arbeitsverhältnisses das bestehende Arbeitsverhältnis auflösen soll, d.h. der hierin liegende Beendigungsautomatismus wegen § 21 in Verb. mit § 14 Abs. 1 TzBfG ohne Sachgrund nicht wirksam, so stellt sich die Frage, ob eine solche Placement-Vereinbarung von § 14 Abs.1 Satz 2 TzBfG gedeckt wäre.

(1) Ob die Begründung eines neuen Arbeitsverhältnisses infolge eines erfolgreichen Placements als Sachgrund gemäß § 14 Abs.1 Satz 2 Nr.6 TzBfG anzusehen, d.h. den in der Person des Arbeitnehmers liegenden Gründen zuzurechnen wäre, ist zweifelhaft, da die Initiative der Umgestaltung des Arbeitsverhältnisses vom Arbeitgeber ausgeht und auch und gerade er ein Interesse an einem erfolgreichen Placement hat.

Diese Probleme stellen sich auch bei Arbeitnehmern, die das 52. Lebensjahr vollendet haben, da die Möglichkeit einer sachgrundlosen Altersbefristung gemäß der Sonderregelung des § 14 Abs. 3 TzBfG voraussetzt, dass der Arbeitnehmer vor Beginn des befristeten – bzw. auflösend bedingten – Arbeitsverhältnisses mindestens vier Monate beschäftigungslos im Sinne von § 119 Abs.1 Nr.1 SGB III gewesen ist.

(2) Eine Zuordnung der hier erörterten Vertragsgestaltung zu einem der Katalogsachgründe erübrigt sich auch nicht etwa deshalb, weil diese nach der gesetzgeberischen Konzeption nicht als abschließende Liste gemeint sind, denn die Vereinbarkeit der Offenheit des § 14

Abs.1 TzBfG für „neu erfundene“ Sachgründe mit den Vorgaben des europäischen Befristungsrechts wird in der Literatur in Zweifel gezogen (vgl. für diese Kritik mit weit. Nachw. KR-Lipke, 9.Auf. 2009, § 14 Rn. 347 ff.). Es ist daher nicht auszuschließen, dass ein Befristungsgrund, der – ohne Absicherung durch einen der Katalogsachgründe – ausschließlich in dem von den Arbeitsvertragsparteien gemeinsam verfolgten Ziel eines erfolgreichen Placements bestünde, einer gerichtlichen Überprüfung nicht standhielte.

Als Zwischenergebnis lässt sich festhalten, dass für die vertragliche Umwandlung eines bislang unbefristeten und unter Kündigungsschutz stehenden Arbeitsverhältnisses in ein auflösend bedingtes Vertragsverhältnis entsprechend der hier diskutierten Placement-Vereinbarung ein Sachgrund im Sinne von § 14 Abs. 1 TzBfG zwar rechtlich vonnöten, aber nicht mit der erforderlichen Rechtssicherheit vorhanden ist. Hier hilft allerdings die oben angesprochene Möglichkeit der Vereinbarung eines „Rückfahrscheins“. Geht der Arbeitnehmer zum Monatsanfang ein neues Arbeitsverhältnis ein, so endet gemäß der Placement-Vereinbarung das alte Arbeitsverhältnis zum Ablauf des Vormonats; zugleich beginnt der Lauf der dreiwöchigen Frist zur Erhebung einer Befristungskontrollklage (§ 17 Satz 1 in Verb. mit § 21 TzBfG). Unter diesen Umständen bestünde normalerweise ein Anreiz für den Arbeitnehmer, die Wirksamkeit des vertraglich vereinbarten Beendigungsautomatismus gerichtlich überprüfen zu lassen, und sei es auch nur, um die Dreiwochenfrist zu wahren. Hat der Arbeitnehmer allerdings einen Rückfahrschein in der Tasche, braucht er die Befristungskontrollklage nicht, um seine Chancen auf Rückkehr zum alten Arbeitgeber zu erhalten. Dies wiederum lässt das Risiko der Vereinbarung einer rechtlich unwirksamen auflösenden Bedingung als hinnehmbar erscheinen.

c) Bei der näheren Ausgestaltung der Placement-Vereinbarung in der hier besprochenen Variante einer Umwandlung des Arbeitsvertrags in einen auflösend bedingten Vertrag ist darauf zu achten, dass der Vertrag infolge der Placement-Vereinbarung als auflösend bedingter Vertrag anzusehen ist und daher (auch im Falle der Unwirksamkeit der Befristung!) ordentlich nicht mehr kündbar ist (§ 21 in Verb. mit § 15 Abs. 3 TzBfG). Da § 15 Abs. 3 TzBfG nachgiebiges Recht ist, wird er in befristeten Verträgen vielfach abbedungen. Von der Möglichkeit, die ordentliche Kündbarkeit des Vertrags entgegen § 15 Abs. 3 TzBfG weiter aufrecht zu erhalten, sollten Arbeitgeber Gebrauch machen, da eine Vertragsbeendigung ohnehin nicht feststeht bzw. die Dauer der „Restlaufzeit“ vorerst völlig offen ist.

Variante 2: Angebot zum Abschluss eines Aufhebungsvertrags mit langer Angebotsbindungsfrist

Als Alternative zu der Umwandlung des Arbeitsvertrags in einen auflösend bedingten Vertrag kommt der vorläufige Verzicht auf eine zweiseitige vertragliche Regelung in Betracht.

a) Wenn der Arbeitgeber dem Arbeitnehmer ein rechtsverbindliches Angebot zum Abschluss eines Aufhebungsvertrags unterbreitet, ist er an dieses Angebot gemäß § 145 BGB rechtlich gebunden, nur dass diese Bindung unter Berücksichtigung der vom Gesetz für relevant erklärten „regelmäßigen Umstände“ (§ 147 Abs. 2 BGB) ohne weitere diesbezügliche Erklärungen nach einigen Tagen, jedenfalls aber nach ein bis zwei Wochen endet.

Dem Arbeitgeber als dem Antragenden steht es aber frei, die Dauer der Bindung an seinen Antrag im Prinzip beliebig zu verlängern. So wäre es z.B. möglich, dass der Arbeitgeber zugleich mit der – rechtlich nicht unbedingt näher zu regelnden – finanziellen bzw. (auch) durch Freistellungen bewirkten Förderung der Placement-Maßnahme dem Arbeitnehmer ein Aufhebungsvertragsvertragsangebot mit z.B. zwei- oder dreijähriger Bindungsfrist unterbreitet.Dann hätte es allein der Arbeitnehmer in der Hand, durch ein schlichtes, allerdings notwendigerweise schriftliches (§ 623 BGB) „Ja" zu dem Angebot den Aufhebungsvertrag rechtlich perfekt zu machen.

b) Auch eine solche Vorgehensweise hat Vor- und Nachteile: Anders als die Vereinbarung einer auflösenden Bedingung ist sie befristungsrechtlich unproblematisch, da der Arbeitnehmer sich zunächst rechtlich nicht bindet. Vielmehr erweitert der Zugang eines solchen Vertragsangebots lediglich den Umfang seiner rechtlichen Möglichkeiten. Allerdings ist der Arbeitnehmer in einer solchen Situation, anders als bei der arbeitsvertraglichen Vereinbarung einer beiderseitigen Verpflichtung zum Placement nebst auflösender Bedingung für den Erfolgsfall, seinerseits zunächst zu nichts verpflichtet, insbesondere nicht zu einer engagierten Mitwirkung an den Placement-Maßnahmen.

Da der Arbeitnehmer dem Vertragsangebot während der Dauer der Placement-Maßnahmen noch nicht zugestimmt hat, besteht außerdem kein psychologisches Hindernis, die bislang nur einseitig vom Arbeitgeber vorgeschlagenen Konditionen des Aufhebungsvertrags im Falle eines konkret möglichen anderweitigen Arbeitsverhältnisses nach zu verhandeln. Allerdings geht der Arbeitnehmer durch Nachverhandeln ein rechtliches Risiko ein, da nämlich eine Ablehnung einzelner Bestandteile des Aufhebungsvertragsangebots, insbesondere des darin unterbreiteten Abfindungsangebots, das gesamte Vertragsangebot zunichtemacht, d.h. die den Arbeitgeber einseitig belastende Bindung an sein Angebot beendet: Denn die Annahme eines Vertragsangebots unter Erweiterungen, Einschränkungen oder sonstigen Änderungen gilt gemäß § 157 Abs. 2 BGB als Ablehnung des Antrags verbunden mit einem neuen Antrag.

Letztlich ist je nach den betrieblichen und tariflichen Gegebenheiten abzuwägen, ob die Umwandlung des Arbeitsvertrags in einen auflösend bedingten Vertrag oder aber ein Aufhebungsvertragsangebot mit langer Bindungsfrist vorzuziehen ist.

c) Entscheidet sich der Arbeitgeber für ein Aufhebungsvertragsangebot mit langer Bindung, sollte im Angebot näher konkretisiert werden, zu welchem Zeitpunkt die Annahme des Angebots den Arbeitsvertrag beendet. Sinnvoll dürfte in den meisten Fällen eine Beendigung zum Ende des laufenden Monats sein, da der Arbeitnehmer eine Erklärung mit so erheblicher Tragweite erst möglichst kurz vor Beginn der Arbeitsaufnahme im Rahmen des neuen Arbeitsverhältnisses wird abgeben wollen, und Arbeitsaufnahmen sind meist zum Monatsanfang vorgesehen. Im Übrigen sollte dem Arbeitnehmer auch bei dieser Gestaltungsweise das Recht zugestanden werden, innerhalb der ersten sechs Monate nach seinem Ausscheiden aus dem Arbeitsverhältnis dieses wieder erneut zu den alten Konditionen und unter Anrechnung bisheriger Dienstzeiten in Kraft zu setzen, um das Risiko des Scheiterns im neuen Arbeitsverhältnis während der kündigungsschutzrechtlichen Wartezeit (§ 1 Abs. 1 KSchG) tragbar zu machen.

Dr. Martin Hensche

Der Autor ist promovierter Jurist, Diplom-Soziologe und Fachanwalt für Arbeitsrecht und leitet in zweiter Generation die bundesweite Kanzlei für Arbeitsrecht Hensche Rechtsanwälte mit Sitz in Berlin und Niederlassungen u.a. in Hamburg, Hannover, Köln, Frankfurt/Main, Stuttgart, Nürnberg und München.

9 Betriebswirtschaftliche Logik hinter der sozialen Verantwortung

Von Christian M. Böhnke

Trotz Fachkräftemangel, war for talents und der steigenden Bedeutung eines am Mitarbeiter orientierten HR-Management; der Trend in den Unternehmen geht auch künftig zu mehr Kostenverantwortlichkeit aller Bereiche. Unternehmensleitung und Controlling möchten genauer wissen, inwieweit Aufwendungen, gerade auch für Outplacementmaßnahmen, betriebswirtschaftlich gerechtfertigt sind. Parallel dazu wird professionelles Freisetzungsmanagement zunehmend als effektiver Bestandteil des Personalmarketings begriffen und damit als eine auch betriebswirtschaftlich sinnvolle Investition denn als bloßer Kostenfaktor.

Wo Outplacementmaßnahmen eher als kurzfristig-monetäre Investitionen verstanden werden (müssen), bietet sich grundsätzlich der Return on Investment als Kennzahl an, um als HR-Verantwortlicher gegebenenfalls auch beim Controlling überzeugende Aufklärungsarbeit leisten zu können, indem der monetäre Nutzen der Transfermaßnahmen mit den aufzuwendenden Kosten verglichen und so der Erlös des eingesetzten Kapitals quantifiziert wird. Dazu hat auf Basis einer allgemeinen Kostenvergleichsanalyse ein quantitativer Vergleich verschiedener Freisetzungsformen zu erfolgen, welcher aufgrund der verschiedenen unternehmensspezifischen Komponenten einer solchen Kalkulation hier nur umrissen dargestellt werden soll. In diesem Zusammenhang schreiben Schmeisser/Clermont (2007):[60]

„Die Nutzwertanalyse dient innerhalb eines Entscheidungsprozesses der systematischen Entscheidungsvorbereitung bei der Auswahl komplexer Handlungsalternativen. Dabei stellt sie eine Kosten-Nutzen-Untersuchung dar, deren Sinn und Zweck darin besteht, den Nutzwert einer bestimmten Maßnahme, hier einer Personalabbaumaßnahme, herauszufinden. Dazu werden mehrere Alternativen miteinander verglichen. Der Nutzwert wird als relativer nicht monetärer Wert angegeben."

Allgemeine Grundlagen

Im Rahmen der Analyse sollte ein qualitativer Vergleichswert durchgeführt werden, um so die indirekten wie auch die prognostizierten direkten Kosteneinsparungen einer Transfermaßnahme wie ePlacement darzulegen. Als besonders hilfreich sei an dieser Stelle auf die von Schmeisser/Clermont beschriebene „Nutzwertanalyse" als Verfahren zur Entscheidungsfindung verwiesen, welches „bei Vorliegen von monetären und nicht monetären Werten auf einer analytischen Bewertung mit Hilfe einer metrischen Skala" basiert. So werden die Bewertungsobjekte hinsichtlich der einzelnen Zielwerte verglichen und dann, abhängig vom Grad der Zielerreichung und entsprechend ihrer Bedeutung für das Unternehmen, gewichtet, mit einem entsprechenden Wert versehen, sodass sich aus den jeweiligen Einzelwerten schließlich anhand einer metrischen Skala eine Gesamtbewertung ergibt. Im Rahmen einer solchen Nutzwertanalyse sollten dabei nicht nur objektive Informationen, sondern auch sogenannte „weiche Faktoren", subjektive Einschätzungen wie beispielsweise Auswirkungen auf die Arbeitgebermarke, mit einbezogen werden. Schmeisser und Clermont untergliedern dabei ihre Vorgehensweise bei der Durchführung einer Nutzwertanalyse in folgende Schritte:

- Bestimmung der Bewertungskriterien
- Gewichtung der Zielkriterien nach Bedeutung
- Punktbewertung der Alternativen
- Multiplikation der Gewichtung mit der vergebenen Punktzahl

Ermittlung des Gesamtnutzens

(1) Bestimmung der Bewertungskriterien

„Es müssen im Vorfeld Ziele bestimmt werden, die von den Alternativen erfüllt werden sollen, um als eine geeignete Lösung in Frage zu kommen. Anhand dieser Ziele werden dann die einzelnen Ergebnisse der Alternativen bewertet. Deshalb werden als erstes die Ziel- oder auch Entscheidungskriterien festgelegt, um dann im nächsten Schritt nach ihrer Bedeutung gewichtet zu werden."

Für die Wahl der hier angenommenen Alternativen „betriebsbedingte Kündigung mittels Sozialplan oder Kündigung mit Outplacement" wurden folgende Ziele als bedeutend angenommen:

Kostenminimierung:

- *Abfindungszahlung,*
- *Personalkosten,*
- *Anwalts- und Gerichtskosten,*
- *Beraterhonorar*

Imageverbesserung:

- *Arbeitslosigkeit*
- *Negativpropaganda*
- *Personalabbaukosten*
- *Soziale Verantwortung*

Motivationsförderung:

- *Perspektiven für gekündigten Mitarbeiter*
- *Unterstützung für verbleibende Mitarbeiter*
- *und Vorgesetzte*
- *Sozialauswahl*

Bindung von Leistungsträgern:

- *Arbeitsplatzunsicherheit*
- *Aktive Bindung von Leistungsträgern*

Mit 40 % als meistbedeutend angenommen haben die aufgeführten Autoren den Faktor „Kostenminimierung“, gefolgt von den Faktoren „Imageverbesserung“ (30 %), „Motivationsförderung“ (20%) sowie „Bindung der Leistungsträger“ mit schließlich 10 %. Es wird darauf verwiesen, dass diese ebenso wie die der Vollständigkeit halber nachfolgende Gewichtung der Kriterien zwangsläufig einen subjektiven Charakter aufweist, der letztlich vom HR-Management anhand der individuell vorliegenden Situation zu erfolgen hat.

9.1 Gewichtung der Zielkriterien nach Bedeutung

Nachdem die Kriterien für eine Personalabbaumaßnahme bestimmt worden sind, findet nun die Gewichtung der Kriterien anhand einer Punktbewertung statt. Da den einzelnen Kriterien i.d.R. eine unterschiedliche Bedeutung/Wichtigkeit im Entscheidungsprozess zukommt, werden bedeutsamere Kriterien mit einem höheren und nicht so bedeutsame mit einem entsprechend niedrigeren Wert gewichtet. Die Gewichtung der Kriterien hat einen rein subjektiven Charakter, denn der Anwender entscheidet letztlich, welche Wichtigkeit die einzelnen Größen seiner Meinung nach haben. Die Gewichtungsfaktoren werden in Prozentsätzen, den Ergebnisgrößen entsprechend ihrer Bedeutung zugewiesen. Das Maximum der zu vergebenden Gewichtungspunkte (G) liegt bei 1 und entspricht dem vorhandenen Gesamtnutzen (N) von 100%.

Die beiden namhaften HR-Experten, Alois Clermont war langjähriger Personaldirektor im ThyssenKrupp-Konzern, Prof. Dr. Schmeisser einer der profiliertesten HR-Experten Deutschlands, resümieren: *„Aus der Nutzwertanalyse lässt sich ein eindeutiges Ergebnis ziehen. Outplacement hat einen höheren Gesamtnutzwert als die betriebsbedingte Kündigung nach dem Sozialplan (...). Outplacement stellt somit eine ökonomisch sinnvolle Methode des Personalabbaus dar, um nicht nur monetäre, sondern auch nicht monetäre Kosten erheblich zu reduzieren.“*[61] [62]

Bei der Nutzwertanalyse wurden daher „neben der Kostenminimierung vor allem die indirekten Kosten der beiden Alternativen verglichen; den Motivationserhalt der verbleibenden Mitarbeiter, die Verbesserung des Firmenimages und schließlich die präventiven Auswirkungen hinsichtlich der Abwanderung von Leistungsträgern.

Die Nutzwertanalyse präsentierte die Vorteilhaftigkeit von Outplacement gegenüber der betriebsbedingten Kündigung anhand eines wesentlich höheren Gesamtnutzwertes. Innerhalb der Nutzwertanalyse erfolgt die Gewichtung der Kriterien und die Bewertung der Erfüllungsgrade durch die Alternativen, allerdings immer nach subjektiven Gesichtspunkten. Die unterschiedlichen Gesamtnutzwerte der Alternativen verdeutlichen die Bedeutung der sozialen Verantwortung des Unternehmens und die ernstzunehmenden Auswirkungen von Personalfreisetzungen – extern auf das Firmenumfeld wie intern auf das Betriebsklima.

Outplacement bestätigt sich als ein alternatives Instrument innerhalb der Personalfreisetzungsplanung, das sozial wie ökonomisch zweckmäßig und für den Betrieb vorteilhaft ist.

Fazit des betriebswirtschaftlichen Vergleichs

„Als Ergebnis konnte Outplacement als wirtschaftliche Alternative identifiziert werden, da Kostenblöcke wie Personal- und Abfindungskosten durch den Einsatz von Outplacement erheblich reduziert werden können. Diese Kostenreduktion kann gerade für krisenbehaftete Unternehmen hinsichtlich der Liquidität von großer Bedeutung sein. Die ökonomische Vorteilhaftigkeit von Outplacement erhöht sich, je länger die Beschäftigungsdauer und je höher der gesetzliche Abfindungsanspruch des Mitarbeiters ist. Das Beraterhonorar wird durch eine zeitnahe Neupositionierung des Mitarbeiters i.d.R. vollständig kompensiert. Es zeigte sich, dass Outplacement aus Kostengesichtspunkten eine betriebswirtschaftlich sinnvolle Methode der Personalfreisetzung darstellt.“[63]

Dass aber effizienzgesteigerte Outplacementmaßnahmen auch aus volkswirtschaftlicher Sicht aufgrund verminderter „externer Effekte“[64] von Bedeutung ist, beschreibt nachfolgend Ulrich Flieger in der Exkursion die volkswirtschaftlichen und auch psychologischen Aspekte von effizienzgesteigerten Transfermaßnahmen.

10 Arbeit als Produktionsfaktor

Von Ulrich Flieger

Ende des 18.Jahrhunderts, noch weit vor dem Einsetzen der industriellen Revolution, begannen große Denker, sich über die Gesamtwirtschaft und deren Zusammenhänge Gedanken zu machen. Die „klassischen Nationalökonomen", wie sie noch heute genannt werden, suchten nach Regeln und Modelle, wie eine nationale Ökonomie ideal arbeiten kann. Schon *David Ricardo* und *Adam Smith* unterschieden dabei drei wesentliche Produktionsfaktoren, mit denen Güter erstellt werden: Arbeit, Boden und Kapital. Dabei kam es Ihnen nicht auf einen sorgsamen Umgang mit diesen Ressourcen an; vielmehr stand der optimale Produktionsprozess und die der daraus resultierende größtmögliche Wohlstand im Vordergrund. Erst Karl Marx berücksichtigte mit seinen Gedanken die Qualität der Ausnutzung des Faktors Arbeit und damit das Schicksal der dahinter stehenden Menschen. In der Weiterentwicklung des kapitalistischen Denkens und der Entstehung der ersten makroökonomischen Modelle um die Wende des 19. zum 20. Jahrhundert nahm der Arbeitsmarkt dann auch nur eine Nebenrolle ein. Den strategischen Markt, der für Wohl und Wehe einer Volkswirtschaft entscheidend war, bildete der Gütermarkt als Abbild der Realwirtschaft. Das hier entstehende Gleichgewicht hatte Konsequenzen für den Arbeitsmarkt, so dass sich Beschäftigung und Lohn danach zu richten haben. Erst der Engländer *John Maynard Keynes* nahm die Folgen der Weltwirtschaftskrise zum Anlass, den Arbeitsmarkt und hier insbesondere das Beschäftigungsniveau genauer zu betrachten. Seine Gedanken haben die Wirtschaftspolitik in der zweiten Hälfte des letzten Jahrhunderts weltweit beeinflusst. Doch inzwischen sind wieder andere Teilmärkte der Makroökonomie in den Focus gerückt: war es zuerst der Geldmarkt durch den Monetarismus von Milton Friedman, so bestimmen heute die Finanzmärkte das Szenario. Gleichzeitig hat sich der Schwerpunkt der Realwirtschaft verschoben.

Hinzu kommt, dass auch die Bedingungen der Produktion sich nachhaltig verändert haben. Die klassische Unterteilung der Volkswirtschaftslehre kannte drei Wirtschaftssektoren: den *primären* Sektor als „Urproduktion" lebenserhaltender Güter. Hierunter zählen die Jagd, der Ackerbau und nach verschiedenen Definitionen auch der Bergbau. Im *sekundären* Sektor findet die eigentliche Produktion statt. Er wird deshalb auch als industrieller Sektor bezeichnet. Der sekundäre Sektor war über Generationen das Herzstück der Volkswirtschaft. Erst nach dem zweiten Weltkrieg wuchs der *tertiäre* Sektor. In diesen Dienstleistungssektor fallen Handel, Logistik und Kreditgewerbe. Mittlerweile ist ein vierter Sektor entstanden, der quartäre Sektor. Dieser Informationssektor umfasst die IT-Beratung und Kommunikationstechnologie und hat mit der zunehmenden Verbreitung von Internet und drahtloser Kommunikation rasant an Bedeutung gewonnen.

Die Bedeutung dieser Aufteilung der Produktion liegt darin, dass sich sowohl die technischen Bedingungen der Produktion (volkswirtschaftlich durch die *Produktionsfunktion* beschrieben) als auch die Konsumierbarkeit der Güter verändert haben. Konsumgüter sind nicht länger materieller Art, sondern bestehen in immateriellen Leistungen wie Handel, Information oder Wissen. Das hat aber Auswirkungen auf die Konsummärkte und damit die realwirtschaftlichen Größen.

10.1 Die mikroökonomische Perspektive: Der Arbeitsvertrag

Wenden wir nun einmal den Blick von der großen Welt einer Gesamt-Volkswirtschaft auf die einzelnen Handelnden. Im Folgenden verwenden wir die Terminologie der Mikroökonomie, nach der Haushalte Faktorleistungen (=Arbeit) anbieten und Konsumgüter nachfragen und Unternehmen Konsumgüter produzieren und anbieten und dafür Faktorleistungen (u.a. Arbeit) nachfragen.[1] Dabei ist zu berücksichtigen, dass hier eine Entscheidungseinheit gesehen wird. Der Haushalt muss nicht unbedingt aus einer Person bestehen, er kann auch ein Mehrpersonen-Haushalt sein. Die Entscheidungsprozesse innerhalb der Einheit sind hier nicht Gegenstand der Untersuchung. Gleiches gilt für die Unternehmung.

Zuerst schauen wir uns an, nach welchen Kriterien der Haushalt Arbeit anbietet. Das wesentliche Kriterium, welches dem Haushalt zur Verfügung steht, ist die Zeit. Er kann letztlich die ihm verfügbare Zeit von 24 Stunden pro Tag in Arbeits- und Freizeit aufteilen. Bei der Freizeit ist zu berücksichtigen, dass sie einen elementaren Anteil zur physischen Erholung beinhaltet. Letztlich wird er eine Menge an Arbeitszeit anbieten, die ihm bei einem gegebenen Lohnniveau maximalen Nutzen stiften wird.[2] Somit ergibt sich eine typische Angebotskurve an Arbeit:

Abbildung 10.1 „Typisches" Angebotsverhalten eines Haushalts am Arbeitsmarkt

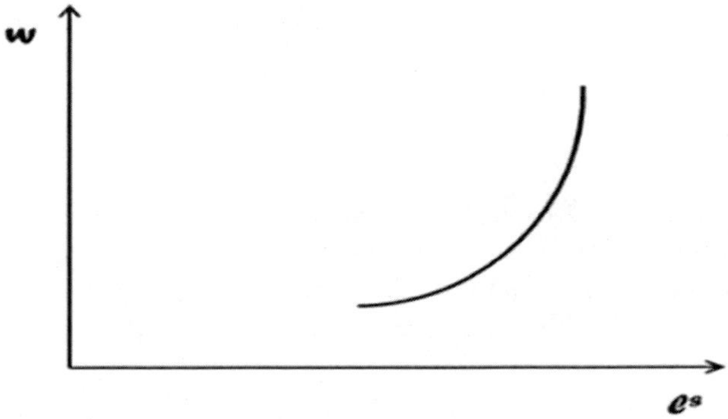

Bei einem geringen Lohnniveau w ist das Angebot an Arbeit l gering. Mit steigendem Lohn nimmt die Bereitschaft, Freizeit durch Arbeit zu substituieren zu. Die Grafik zeigt, dass es ab einem bestimmten Lohnniveau möglich ist, dass das Arbeitsangebot nicht weiter steigt, weil hier die „Kapazitätsgrenze" des Haushaltes erreicht ist. Ja, mehr noch: steigt nun das Lohnniveau weiter, kann es sein, dass der Haushalt sein Arbeitsangebot zurück nimmt, da sein gewünschtes Einkommen nun auch mit weniger Arbeit erreicht werden kann.

Deutlich komplexer gestaltet sich die Faktornachfrage der Unternehmen nach Arbeit. Sie wird bestimmt durch die technischen, als auch die ökonomischen Bedingungen der Produktion.[3] *Kern* definiert Produktion als die „... sich in betrieblichen Systemen oder Subsystemen vollziehende, auf Wiederholung angelegte systematische Bildung von Faktorkombinationen im Sinne einer Anwendung von technischen oder konzeptionellen Verfahren, ...[4]. Der Zusammenhang zwischen Inputmengen der Produktionsfaktoren und Outputmengen wird durch die *Produktionsfunktion* beschrieben:

$$x = f(r_1, r_2, \ldots, r_n)$$

Der Einfachheit halber werden zwei Produktionsfaktoren, nämlich Arbeit (l) und Kapital (c) unterstellt. Um also eine bestimmte Outputmenge x herzustellen, bedarf es einer speziellen Kombination von l und c gemäß einer mathematischen Funktion. Eine spezielle Produktionsfunktion ist hierbei die oft in modelltheoretischen Annahmen unterstellte *Cobb-Douglas-Funktion*:

$$x = \lambda * l^{\alpha} * c^{\beta}$$

Dabei sind α und β die jeweiligen Produktionselastizitäten und addieren sich $\alpha + \beta = 1$. Es handelt sich somit um eine linear-homogene Produktionsfunktion vom Grade 1 mit konstanten Skalenerträgen.[5] Das bedeutet, dass eine Erhöhung der Faktoreinsatzmengen um den Faktor λ die Outputmenge ebenfalls um den Faktor λ erhöht.

Gleichzeitig sind es aber auch ökonomische Bedingungen, die die Nachfrage der Unternehmung nach Produktionsfaktoren bestimmen. Jeder Produktionsfaktor hat einen Preis, und zwar q_i (mit i = i-ter Produktionsfaktor, in unserem Fall für l und c). Aus den technischen Bedingungen ergeben sich Kosten, die die Unternehmung, wenn sie gewinnmaximierend handeln will, berücksichtigen muss. Die ökonomischen Bedingungen werden somit durch die *Kostenfunktion*[6] beschrieben:

$$k = f(x, q_1, q_2, \ldots q_n).$$

Die Kosten werden somit bestimmt durch die Ausbringungsmenge und die gegebenen Faktorpreise. Setzt man nun für x die Produktionsfunktion ein, so wird deutlich, dass die technischen Bedingungen der Produktion (und somit die Produktionsfunktion) maßgeblich die ökonomischen Bedingungen beeinflussen. Darüber hinaus setzten sich die Kosten aus zwei großen Blöcken zusammen:

$$K = K^{var} + K^{fix}$$

Die Gesamtkosten entstehen aus variablen Kosten und fixen Kosten. Die variablen Kosten sind abhängig von der Ausbringungsmenge x und damit proportional zu deren Höhe. Die fixen Kosten jedoch fallen unabhängig von x an und sind über den gesamten Bereich konstant. An dieser Stelle ergibt sich ein Bruch, der Volkswirte und Betriebswirte trennt: Für Volkswirte ist die Arbeit weiterhin ein Produktionsfaktor, der gemäß Produktionsfunktionstechnisch die Outputmenge beeinflusst und somit im Kostensektor in die variablen Kosten einfließt. Für die Betriebswirte ist aber schon lange klar, dass Personalkosten in der Regel immer anfallen, unabhängig von der erbrachten Ausbringungsmenge.[7,8] Sie werden deshalb den fixen Kosten zugerechnet. Dennoch ist auch bei dieser Betrachtung die Nachfrage nach dem Produktionsfaktor Arbeit nicht losgelöst von der (zumindest geplanten) Ausbringungsmenge zu sehen. Wir folgen daher der mikroökonomischen Ansicht, auch wenn wir hilfsweise unterstellen, dass die Arbeitsnachfrage nicht beliebig unterteilbar ist.

Abbildung 10.2 : Nachfrageverhalten einer Unternehmung auf dem Arbeitsmarkt

In Abbildung 2 stellen wir das Nachfrageverhalten einer Unternehmung auf dem Arbeits-

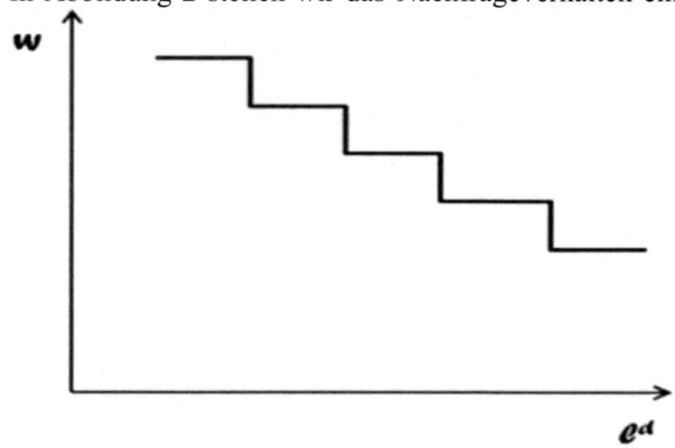

markt dar. Die treppenförmigen Sprünge ergeben sich aus den unterschiedlichen Lohn- und Gehaltsstufen der geltenden Tarifverträge. Damit wird dem Rechnung getragen, dass das Lohnniveau von der Nachfrage her nicht beliebig teilbar ist, sondern einzelnen Tarifgruppen folgt.

Auf dem individuellen Markt des Faktors Arbeit treffen sich nun Angebot des Haushaltes und die Nachfrage des Unternehmens. Dieses Gleichgewicht E stellt den individuellen Arbeitsvertrag zwischen Haushalt und Unternehmen, oder allgemeinsprachlich zwischen Arbeitgeber und Arbeitnehmer dar:

Abbildung 10.3 : Gleichgewicht auf dem individuellen Arbeitsmarkt: Der Arbeitsvertrag

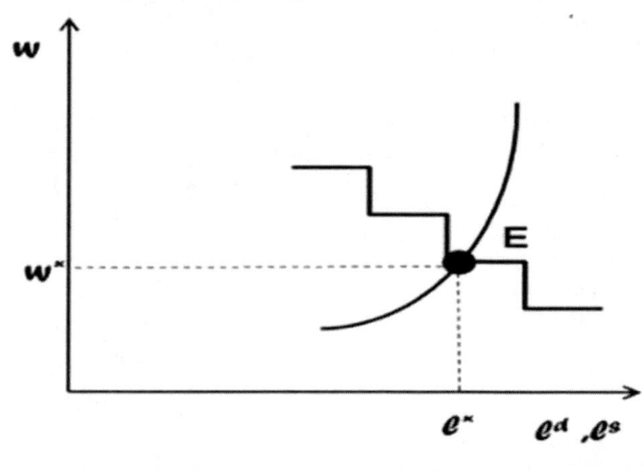

Im Punkt E treffen Faktorangebot des Haushaltes und Faktornachfrage des Unternehmens zusammen. Es kommt zu einem bilateralen Arbeitsvertrag zwischen den Parteien mit der vereinbarten Arbeitszeit l* zum vereinbarten Lohnniveau w*. E stellt dabei ein langfristiges statisches Gleichgewicht dar, das, zumindest für die Vertragslaufzeit, festen Bestand hat.

10.2 Zusammenbruch des individuellen Arbeitsmarktes

Im Folgenden focussieren wir den Blickwinkel der Betrachtungen auf den Haushalt. Wir fragen nun, welche Einflussfaktoren das Gleichgewicht stören können. Dabei nehmen wir an, dass

- der Haushalt seine Präferenzen zur Einkommenserzielung und der daraus resultierenden Erlangung eines Nutzens (durch den Konsum von Gütern) nicht ändert.
- das Lohnniveau w im Laufe des Betrachtungsraumes zumindest periodisch an die Entwicklung des Preisniveaus angeglichen wird. Es findet folglich ein stetiger Inflationsausgleich über die Perioden statt. (Stattdessen können wir auch annehmen, w bezeichne den *Reallohn* und nicht den *Nominallohn.* Im Übrigen beziehen sich alle makroökonomischen Modelle auf den Reallohn.)

Folglich besitzt der Haushalt keine Motivation, das Arbeitsverhältnis zu verändern und damit seine Angebotskurve zu verschieben. Wir klammern somit aus der Betrachtung jene Fälle aus, bei denen

- der Haushalt durch Qualifizierung und Weiterbildung ein höheres Lohnniveau erreichen will, in dem er eine andere Arbeitsleistung als bisher anbietet
- der Haushalt seine persönlichen Präferenzen zwischen Arbeit und Freizeit verändert.

Allerdings kann der zweite Punkt auch durch Entwicklungen in der Arbeitsnachfrage bedingt sein, weil die Ansprüche zu sehr wachsen. Besonders bei Zusammenbrüchen des individuellen Arbeitsmarktes durch Burnout wirken hier innerbetriebliche Entwicklungen direkt auf den Haushalt. Wir sprechen in diesem Zusammenhang von *negativen externen Effekten.*[9]

Welche Entwicklungen können nun das Unternehmen veranlassen, seine Nachfrage nach Arbeit zu verändern? Wir unterscheiden hier drei Ansätze:

I) Produktivitätssteigerung

Das Unternehmen kann versuchen, den Einsatz von Arbeit durch Kapital zu substituieren, wenn der Preis für den Produktionsfaktor Arbeit q_l entweder absolut steigt, oder aber im Vergleich zu anderen Faktorpreisen q_i sich verteuert (beispielsweise, wenn q_c sinkt). Zwar bleiben die technischen Bedingungen der konstant, das bedeutet, dass die Produktionsfunktion sich nicht ändert. Aber aufgrund der gegebenen Produktionselastizitäten α und β kommt es zu einer partiellen Verdrängung von Arbeitsleistung durch Kapital. Eine maßgebliche Größe hierbei ist die Kapitalintensität c/l. In der Regel wird die Nachfrage sinken, die Nachfragekurve in Abb. 4 verschiebt sich nach unten. Es kommt zu Änderungskündigungen mit einer Verkürzung der Arbeitszeit ohne Lohnausgleich bis hin zur völligen Auflösung des Arbeitsvertrages, weil es keinen Schnittpunkt mehr zwischen der Angebots- und Nachfragekurve mehr gibt.

Abbildung 10.4 Verschiebung der Nachfragekurve nach Arbeit durch Veränderung der Kapitalintensität

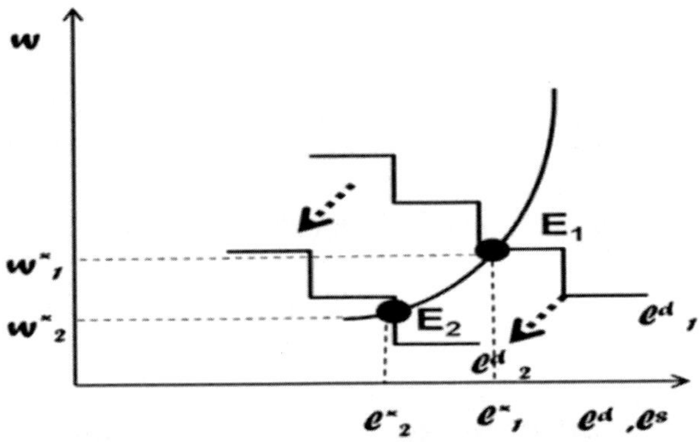

Das wäre dann der Fall, wenn in Abb. 4 die l^d-Kurve sich soweit nach links unten verschiebt, dass sie unterhalb der l^s-Kurve liegt. In diesem Fall fragt das Unternehmen Arbeit nur noch zu einem Lohnsatz nach, der unterhalb des sogenannten *Reservationslohnes* des Haushaltes liegt. Es kommt kein Arbeitsvertrag mehr zustande; ein bestehender wird aufgelöst: der individuelle Arbeitsmarkt bricht zusammen.

II) Technischer Fortschritt

Im Gegensatz zum oben behandelten Fall ändert sich bei technischem Fortschritt die technische Bedingung der Produktion. Folglich verändert sich auch die Produktionsfunktion. Dabei:

- können sich die einzelnen Produktionselastizitäten α und β verändern; die Skalenelastizität $\alpha + \beta$ bleibt jedoch konstant.
- kann sich die Skalenelastizität verändern, die Funktion bleibt jedoch homogen
- verändert die Funktion ihre Homogenitätseigenschaften und wird über ihren gesamten Verlauf nicht-homogen[10]

Wie wir bereits oben gesehen haben, hat dies aber, egal wie geartet, direkten Einfluss auf die ökonomischen Bedingungen der Produktion und damit auf die Faktornachfrage des Unternehmens. Im extremsten Fall entfällt die Nachfrage komplett, da aufgrund des technischen Fortschritts die angebotene Arbeitsleistung nicht mehr benötigt wird. In diesem Fall hilft auch keine Veränderung des Lohnniveaus oder Herabsetzung der angebotenen Arbeitszeit. Der individuelle Markt bricht nur deshalb zusammen, weil die Nachfrage total entfällt.

Persönliche Präferenzen des Unternehmens

Ähnlich gestaltet sich die Situation, wenn sich Präferenzen persönlicher, räumlicher oder zeitlicher Art seitens des nachfragenden Unternehmens ändern. Dabei handelt es sich nicht um eine Veränderung der technischen Bedingungen der Produktion. Auch eine Variation der ökonomischen Bedingung der Produktion, also eine Veränderung der Kostenfunktion wollen wir hier nicht subsumieren. Vielmehr verstehen wir hierunter einen Wegfall der Nachfrage, weil:

- der Nachfrager seine persönlichen Präferenzen ändert: er wählt unter vielen anderen Anbietern einen anderen aus, weil die Sympathie wechselt, das Vertrauensverhältnis zerrüttet ist (Vertragsverletzungen) oder er andere Zielsetzungen (Aufbau von Nachwuchskräften) verfolgt
- der Nachfrager seine räumlichen Präferenzen verändert: Verlegung des Arbeitsplatzes an einen anderen Standort
- der Nachfrager seine zeitlichen Präferenzen ändert: die nachgefragte Arbeitszeitmenge bleibt zwar gleich, wird aber anders verteilt (Schichtarbeit, Bereitschaftsdienste, Saisonarbeit).

In allen Fällen bricht der individuelle Arbeitsmarkt zusammen. Der bestehende Kontrakt wird gelöst und beide Seiten werden gezwungen, sich neu zu orientieren.

10.3 Die Folgen für den Haushalt: Transaktionskosten

Wir können ab sofort den Haushalt als volkswirtschaftliches Handlungsorgan mit einem Arbeitnehmer gleich setzen. Der Zusammenbruch eines individuellen Arbeitsmarktes hat für den Arbeitnehmer weitreichende Folgen. Er wird gezwungen, sich auf dem übergeordneten Arbeitsmarkt zu orientieren um einen neuen Partner für einen individuellen Arbeitsmarkt zu finden. Wir können den individuellen Arbeitsmarkt auch als ein Modell des bilateralen Tausches auffassen, in dem Faktorleistungen und Lohn getauscht werden und deren Teilnehmer der Haushalt/Arbeitnehmer sowie das Unternehmen/Arbeitgeber sind. Die möglichen Ausgestaltungen des Arbeitsverhältnisses können wir dann mittels der *Kontraktkurve* einer *Edgeworth-Box* darstellen.[11] Das Problem, mit dem sich jedoch der Arbeitnehmer konfrontiert sieht, ist jedoch, den tauschbereiten Partner zu finden; also jenes Unternehmen, was bereit ist, seine Nachfragefunktion nach Arbeit mit dem Arbeitgeber abzugleichen. Diese Suche verursacht *Transaktionskosten*[12]. Dieser Begriff geht auf *Coase*[13] zurück. Er ist wesentlicher Bestandteil der *neuen Institutionenökonomik* und ermöglicht, auch diesen individuellen Arbeitsmarkt als eine spezielle marktmäßige Institution zu betrachten.

Als Transaktionskosten gelten demnach alle Kosten, die sowohl ex ante als auch ex post entstehen. Unter die ex ante-Kosten fallen:

- Beschaffungskosten für Informationen über potentielle Marktpartner
- Anbahnungskosten im Rahmen der Kontaktanbahnung und -aufnahme

- Kontraktkosten im Rahmen der Vertragsgestaltung
- Im Gegensatz dazu fallen ex post an:
- Abwicklungskosten für Makler oder Headhunter
- Kontrollkosten für die vereinbarungsgemäße Durchführung der abgesprochenen Marktaktivitäten
- Änderungs- und Anpassungskosten z.B. bei Beförderungen und Tariferhöhungen.

Der Markt wird folglich nicht mehr als ein Ort verstanden, indem reibungslos sich Anbieter und Nachfrager finden, um ein Gleichgewicht auszuhandeln. Jede Aktion und jede *Interaktion* verursacht Kosten. Diese werden zwar nicht auf dem Markt und seinem Gleichgewicht wiedergegeben. Aber diese schlagen sich innerhalb der gesamten Volkswirtschaft nieder und beeinflussen die *Wohlfahrt.* Wohlfahrt wird als effizienter Zustand verstanden, wobei als Kriterium meist das *Pareto-Kriterium* zugrunde gelegt wird. Danach „… ist ein Zustand einem anderen Zustand vorzuziehen, wenn zumindest ein Individuum eine Erhöhung seines Nutzenniveaus erfährt und kein anderes benachteiligt wird.“[14] Demnach beeinflussen Transaktionskosten die Wohlfahrt, und damit die optimale Allokation von Ressourcen in einer Volkswirtschaft nachhaltig. Sie können sogar dazu führen, dass realwirtschaftlich unterschiedliche Gleichgewichte bei verschiedenen Regelungen der Schadenshaftung (was man mit der Übernahme von zusätzlichen Transaktionskosten gleich setzen kann) entstehen können. Diese Aussage wird auch als *Coase-Theorem*[15] bezeichnet. Die Entwicklungen auf individuellen (Arbeits-)Märkten kann folglich auch Auswirkungen auf andere Märkte und die Entscheidungen anderer Wirtschaftssubjekte haben. Man spricht daher von *externen Effekten*[16]. Diese können negativ, aber auch positiv wirken.

Wir werden uns daher den verschiedenen Formen von möglichen Transaktionskosten zuwenden, die dem Haushalt nach dem Zusammenbruch eines Gleichgewichtes auf einem individuellen Arbeitsmarkt entstehen.

10.3.1 Formen der Transaktionskosten

Transaktionskosten entstehen für den Haushalt als Arbeitnehmer in unterschiedlichster Form. Wir werden zuerst überlegen, welche Kostenarten aufkommen, bevor wir uns der Frage zuwenden, wer diese Kosten tragen kann oder wird.

10.3.2 Vertragskosten

Hierzu sind alle Kosten zu zählen, die im Rahmen der Entstehung und dem Vollzug eines neuen Arbeitsvertrages entstehen. Sie entstehen nach den Suchkosten, können aber auch, bei missglückter Vertragsanbahnung, neue Suchkosten hervor rufen. Zu den Vertragskosten zählen:

- Anbahnungskosten: Fahrtkosten und Spesen für Vorstellungsgespräche und Vertragsverhandlungen
- Kontraktkosten zur Erstellung des Vertrages: Rechtsanwalts- oder Notarkosten

- Abwicklungskosten: Provisionen für Makler oder Headhunter

Diese Kosten entstehen meist erst kurz vor der Aufnahme eines neuen Arbeitsverhältnisses. Da sie unmittelbar zu einem neuen Gleichgewicht auf dem individuellen Arbeitsmarkt führen, sind sie die klassischen Transaktionskosten schlechthin. Sie entstehen, um Anbieter und Nachfrager überhaupt ein Gleichgewicht manifestieren zu lassen, obwohl sie sich bereits „gesucht und gefunden" haben. Sie sind quasi „institutions-immanent" und beziehen auf einen konkret entstehenden Markt, der „nur" noch sein Gleichgewicht sucht. Sie stehen deshalb im Gegensatz zu allen anderen Transaktionskosten, welche alleine schon dadurch entstehen, dass überhaupt versucht wird, einen Markt zu kreieren.

10.3.3 Suchkosten

Die trivialsten Kosten, die bei einer Arbeitssuche entstehen, sind die klassischen Suchkosten. Es erfordert einen nicht unerheblichen Aufwand, potentielle Arbeitgeber, also Tauschpartner im Rahmen einer Edgeworth-Box für Faktorleistungen zu finden. Die Suche erfordert Zeit, die wiederum in Kosten ausgedrückt werden kann (in dieser Zeit könnte ja auch über einen geringer qualifizierten und schneller annehmbaren Job bereits Einkommen erzielt werden). Weiterhin entstehen Kosten für die Nutzung bestimmter Suchinstrumente, wie z.B. Printmedien, Internet.

In der Regel ist die Nutzung dieser Medien nicht kostenneutral sondern kostenpflichtig. Dabei kann dies variabel sein (z.B. Printmedien: je mehr Zeitungen ich kaufe, desto teurer wird es), aber auch als fixer Kostenbestandteil gesehen werden (z.B. Flat-Rate für eine Internetnutzung). Die Suchkosten fallen umso höher aus je spezieller die Arbeitsleistung ist, die der Haushalt anbietet. Ein einfacher Einzelhandelskaufmann wird weniger Suchaufwendungen haben und damit gleichzeitig weniger Kosten verursachen, wie ein hochspezialisierter Ingenieur für wärmedämmende Kunststoffe im Großmotorenbau.

10.3.4 Qualifizierungskosten

Wenn der Zusammenbruch des individuellen Arbeitsmarktes auf technischen Fortschritt beruht, sind meist Kosten für eine zusätzliche Qualifikation oder Ausbildung nötig. Damit versetzt sich der suchende Haushalt in die Lage, andere Nachfrager als die bisherigen potentiellen Unternehmen anzusprechen. Durch die Verlagerung vieler Unternehmensaktivitäten von sekundären in den tertiären oder auch schon vom tertiären in den quartären Sektor müssen sich auch die Anbieter der Arbeitsleistungen darauf einrichten und sich durch entsprechende Aus- oder Fortbildung mit entwickeln. Dazu kommt, dass die Grundausbildung in Schulen oder Lehrstellen in den letzten Jahrzehnten sich immer mehr von der allgemein bildenden Lehre zur immer früher spezialisierten Ausbildung gewandelt hat. Bricht nun ein individueller Arbeitsmarkt zusammen, dann können die Suchkosten für einen neuen Nachfrager so extrem hoch werden, dass als Alternative nur noch eine Zusatzqualifikation in einem anderen Bereich bleibt.

Ein anderer Grund für die Notwendigkeit zusätzlicher Ausbildung kann aber auch in räumlichen Präferenzen liegen. Bricht beispielsweise deshalb ein individueller Arbeitsmarkt zusammen, weil der Nachfrager sich räumlich verändert und der Anbieter an seinen Standort aus familiären oder sozialen Bindungen heraus gebunden ist, und gibt es im regional erreichbaren Umfeld keinen Nachfrager gleicher Arbeitsleistung, so sind Qualifizierungskosten für eine Neuausbildung, Weiterbildung oder Umschulung unausweichlich. Auch die Veränderung zeitlicher Präferenzen der Nachfrager können dies bedingen.

Die Qualifizierungskosten sind in der Regel sehr hohe Kosten und aus dem verbliebenen Einkommen des Haushaltes kaum zu erbringen. Sie umfassen:

- die eigentlichen Kosten der Ausbildung: Schule, Lehrmaterial, Kurse
- die Nebenkosten: Fahrtkosten, Spesen, Kosten für zweiten Wohnsitz
- individuelle Zusatzkosten: Kosten für Nachhilfe, individuelle Lernbetreuung
- soziale Kosten: Zusatzkosten, die den anderen Haushaltsmitgliedern durch die zusätzliche Belastung der Weiterqualifikation entstehen (ggf. auch durch Konsumverzicht realisiert)

Für all diese Kosten muss der Haushalt in Vorleistung gehen. Er kann erst durch einen neuen Arbeitsvertrag hoffen, diese Kosten zu erwirtschaften. Selbst, wenn im neuen Arbeitsverhältnis ein höheres Lohnniveau erreicht wird, dauert es meist Jahre, bis ein breakeven erreicht wird.

10.3.5 Folgekosten des Marktzusammenbruches

Während alle bisher erwähnten Kosten auf die Erstellung eines neuen Marktes und die Manifestierung eines neuen Gleichgewichtes gerichtet sind, entstehen in den letzten Jahren immer mehr Kosten, die im Wesentlichen aus dem alten Gleichgewicht oder aus dem Zusammenbruch des alten individuellen Arbeitsmarktes resultieren. Zwar muten diese Kosten manchmal trivial an. Sie müssen aber dem Ereignis zugeordnet werden, dass der individuelle Arbeitsmarkt zusammen gebrochen ist und das bisherige Arbeitsverhältnis gelöst wurde. Dazu zählen:

- Abwicklungskosten für das alte Arbeitsverhältnis: Rechtsanwalts- oder Gerichts-Kosten aufgrund eines Arbeits-Rechts-Streites einschließlich Nebenkosten (Fahrtkosten, etc.)
- Zusätzliche Steuerkosten: Steuerbelastungen aufgrund zusätzlich gewährter Abfindungen
- Individuelle Recovery[17]-Kosten

Der Punkt der „Recovery-Kosten“ bedarf einer genaueren Erläuterung. Viele Zusammenbrüche von Arbeitsverhältnissen resultieren aus einem medizinischen, physischen oder psychischen Verfall des Arbeitnehmers oder begründen eine dieser Phänomene. Gründe dafür sind Fehlentwicklungen im persönlichen Umfeld des Arbeitgebers oder aber ungünstige Entwicklungen auf Seiten des Arbeitgebers (Erhöhung von Anforderungen, Verantwortung,

Arbeitszeit…). In der Regel sind beide Seiten dafür Verantwortlich. Als Trendbegriff hierfür hat sich seit etwa 2008 das Schlagwort vom „Burnout“[18] positioniert. Auch, wenn Burnout weder als Krankheit, noch als Phänomen fassbar ist, so ist jedoch unbestritten, dass sowohl die Behandlung der Symptome, als auch die Wiederherstellung einer Mindest-Arbeitsfähigkeit als Basis für ein Faktorangebot auf einem individuellen Arbeitsmarkt Kosten verursacht. Diese Kosten setzen sich zusammen aus:

- ambulante Therapiekosten: Arzt-Kosten, Kosten für Psychotherapie oder sonstige Beratung
- Kosten für stationäre Therapie: Klinikaufenthalt
- Medikamenten-Kosten: Kosten für pharmakologische Therapie
- Kosten für Einkommens-Ersatzleistungen aufgrund von Erwerbs- oder Berufsunfähigkeit.

Die Dauer einer Wiedergenesung von Burnout oder ähnlichen, vergleichbaren Zuständen kann Monate bis Jahre in Anspruch nehmen. Dabei ist zwischen der medizinischen und sozialen Wiedergenesung zu unterscheiden. Während die medizinische oder klinische Wiederherstellung manchmal recht schnell erfolgen kann, ist die sogenannte „social recovery“ aufwendig und langwierig und damit sehr kostenintensiv. Letztlich ist es eine Frage der Betrachtungsweise: der Volkswirt wird die social recovery als Voraussetzung des Aufbaues eines neuen individuellen Arbeitsmarktgleichgewichtes sehen und deshalb seine Kosten voll den Transaktionskosten zurechnen. Der Psychotherapeut wird die Wiedereingliederung in die Arbeitswelt lediglich als einen von vielen Bestandteilen der social recovery empfinden. Wie auch immer: die verursachen Kosten wiegen schwer.

10.4 Träger der Transaktionskosten: Die Entstehung externer Effekte

Es bleibt die Frage, wer die oben beschriebenen Kosten aufbringen soll. Dabei gibt es lediglich drei Möglichkeiten:

- Die Nachfrager
- Die Anbieter
- Die Allgemeinheit

Die Nachfrager tragen in der Regel den kleinsten Teil der Transaktionskosten. Sie haben Aufwendungen für die Suche, für die Vertragsgestaltung sowie, und das in der jüngeren Vergangenheit in zunehmendem Maße, für die Abwicklung alter Arbeitsverhältnisse. Während die ersten zwei Kostenarten buchhaltungs- und bilanzmäßig erfasst und ausgewiesen werden, fallen die Abwicklungskosten nicht immer offen an. Sofern es sich um Kosten für arbeitsrechtliche Auseinandersetzungen oder Abfindungsleistungen handelt, sind sie einfach ausweis- und erkennbar. Handelt es sich aber um Kosten im Rahmen von Burnout oder vergleichbaren Entwicklungen, so tauchen diese eher als nicht realisierte Umsätze oder Gewinne oder gar Umsatzverluste auf. Nicht realisierte Zahlungs-Ströme sind aber im internen Rechnungswesen nur schwer und im externen Rechnungswesen schon gar nicht erfassbar. Dennoch haben sie Einfluss auf die Entscheidung anderer Wirtschaftssubjekte, die außerhalb des betroffenen Marktes stehen. Da diese dafür keine Kompensation oder Entschädigung erfahren, sprechen wir von *externen Effekten*[19]. Folglich erzeugen Transaktionskosten, die vom Unternehmen getragen, aber nicht ausgewiesen werden, in der Regel externe Effekte.

Einen Großteil der Transaktionskosten hat der Anbieter, als Haushalt zu tragen. Da er zwecks Einkommenserzielung gezwungen ist, die Faktorleistung Arbeit weiter anzubieten und ein neues individuelles Arbeitsmarkt-Gleichgewicht zu erreichen, muss er zwangsläufig die Kosten in Kauf nehmen. Dies wiederum hat aber auch wieder Auswirkungen auf sein Konsumverhalten und damit auf andere Märkte. Es wäre allerdings falsch, zu behaupten, hierdurch entstehe ein Konsumverzicht. Durch die Inanspruchnahme von Dienstleistungen im Recovery-Bereich aber auch in der Suche oder Weiterbildung wird der Konsum lediglich verlagert: von realen dinglichen Gütern hin zu Gütern aus dem tertiären oder quartären Sektor. Somit entstehen hier keine externen Effekte, da die Gesamtwirtschaft keinen Konsumausfall erfährt, sondern durch Zusatznachfrage in anderen Sektoren kompensiert wird.

Anders wird es aber, wenn der Haushalt nicht mehr in der Lage ist, seine Kosten selbst zu tragen. In diesem Fall tritt Allgemeinheit ein, sei es in Form des Staates oder in Form von freiwilligen oder zwangsweisen Solidargemeinschaften. Die Kostenübernahmen erfolgen meist über Transferzahlungen. Die Frage, ob hier ebenfalls externe Effekte entstehen, bedarf einer intensiveren Betrachtung:

Erfolgt die Transferzahlung aus einer Solidargemeinschaft, so hat dies zuerst keine unmittelbaren Effekte. Eine Solidargemeinschaft (in Form der Arbeitslosenversicherung, Krankenversicherung, Berufsunfähigkeitsversicherung, etc …) ist ja gerade dafür konzipiert, durch die Ansammlung vieler kleiner Beiträge größere Leistungen erbringen zu können. Hier macht es allerdings die Menge: steigt die Anzahl derer, die Leistungen in Anspruch nehmen, so erhöhen sich zwangsläufig die Beiträge aller, was wiederum Konsumverzicht ohne direkte Kompensation bedeutet. Wir haben es mit negativen externen Effekten zu tun.

Erfolgt die Transferzahlung direkt vom Staat, so entstehen *Opportunitätskosten*[20], nämlich: was könnte statt der Transferzahlungen an *öffentlichen Gütern*[21] für die Allgemeinheit bereit gestellt werden? Das bedeutet jedoch: Im Umfang der Transferleistungen muss die Allgemeinheit auf öffentliche Güter verzichten (entscheidend ist, *dass* auf Güter verzichtet werden muss; nicht auf *welche!*), ohne dafür kompensiert zu werden. Auch hier liegen demnach externe Effekte vor, und auch hier gilt: je mehr Transferzahlungen nötig sind, desto spürbarer werden sie.

10.5 Internalisierung von externen Effekten: Outplacement

Wir haben gesehen, dass die Transaktionskosten zum Neuaufbau eines individuellen Arbeitsmarktgleichgewichtes oft zu externen Effekten führen, die in der Regel für andere Wirtschaftssubjekte negativ sind. Das aber wiederum beeinflusst die gesamtwirtschaftliche Effizienz nachhaltig. Hierbei sei als Effizienzkriterium das Postulat der *Paretianischen Wohlfahrtsökonomik* angenommen (siehe oben). Das bedeutet, dass durch die auftretenden negativen externen Effekte bei dem Versuch, einen Haushalt als Teil eines gesamtwirtschaftlichen Systems besser zu stellen (eigentlich: ihn auf sein altes Nutzenniveau zurück zu bringen), andere Wirtschaftssubjekte schlechter gestellt werden. Ein Versuch, diesen Nachteil zu umgehen, besteht darin, die Auswirkungen der externen Effekte in den Markt bzw. in dessen Entstehungsprozess zurück zu holen und zu integrieren. Wir sprechen dann von einer *Internalisierung der externen Effekte*.[22]

Outplacement ist als ein guter Ansatz zu sehen, um entstehende Transaktionskosten durch den Zusammenbruch des individuellen Arbeitsmarktes aufzufangen und besonders einige der dadurch entstehenden externen Kosten und Effekte zu internalisieren. Allerdings können nicht alle möglichen Kostenarten durch Outplacement aufgefangen und abgefedert werden. Hier fallen uns besonders die Folgekosten des Marktzusammenbruches auf. Zwar kann Outplacement die Abwicklungskosten und ggf. zusätzliche Steuerkosten vermeiden; im Rahmen des Outplacement-Prozesses wird allerdings nur schwerlich auf Recovery-Maßnahmen einzugehen sein um damit derartige Kosten abzufangen. Denn das würde bedeuten, dass Outplacement in der Lage wäre, Gründe für den Zusammenbruch des individuellen Arbeitsmarktes abzufangen und den Zusammenbruch eventuell zu verhindern. Das aber wird nicht im Sinne des nachfragenden Unternehmens sein und soll es auch nicht.

Wenn wir nun berücksichtigen, was Outplacement leisten kann und was es nicht leisten darf (weil der Prozess damit überfordert wäre oder fehlgelenkt wird), dann lässt sich in jedem Fall gesamtwirtschaftlich gesehen eine effizienzerhöhende Wirkung feststellen. Es bleibt die Frage, wie der Prozess selbst so kostengünstig und effektiv gestaltet werden kann, dass die in ihm eingesetzten Produktionsfaktoren eine effiziente Allokation erfahren. Insbesondere stellt sich die Frage, ob eine face-to-face-Betreuung einer Unterstützung durch E-Outplacement vorzuziehen sein. Dazu betrachten wir die Produktionsfunktionen des Prozesses:

$$x_O = f(l,c)$$

Unter x_O verstehen wir das (positive) Ergebnis des Outplacement-Prozesses. Da wir ein bestimmtes Ziel vor Augen haben, nämlich die sofortige Wiedereingliederung des Haushaltes in den Arbeitsmarkt unter Beibehaltung seines bisherigen Nutzenniveaus, ist x_O eine beliebige, aber innerhalb der folgenden Betrachtung feste Größe. l sei der Einsatz von Arbeit, c der Einsatz technischer Mittel (wie IT-Unterstützung, Internetplattform, etc …). Wir erinnern uns an die Cobb-Douglas-Funktion als linear-homogene Produktionsfunktion mit konstanten Skalenerträgen. Dann stellt sich unsere Produktionsfunktion dar als:

$x_O = \lambda * l^{\alpha} * c^{\beta}$

α und β sind die jeweiligen Produktionselastizitäten des Faktors Arbeit und des Faktors Kapital. Da im linear-homogenen-Fall diese sich zur Skalenelastizität $\alpha + \beta = 1$ addieren, geben sie an, welcher Faktor größeren Einfluss auf das Outputergebnis hat. Für die Beurteilung, welche Kombination von Produktionsfaktoren einer anderen vorzuziehen ist, benötigen wir aber noch die Faktorpreise. Wir haben oben gesehen, dass durch Aufnahme der Preise eine Kostenfunktion entsteht, wobei nun für unseren Prozess gilt:

$K(x_O) \rightarrow min!$

Diese Minimierungsvorgabe kann aber nicht mit den klassischen Ansätzen einer produzierenden Unternehmung für private Güter verglichen werden. Bei diesen geht es um eine *Minimalkostenkombination*[23] für das Unternehmen, bei der bei einem gegebenen Budget ein maximaler Output erreicht werden soll. Demgegenüber

gehen wir von einem konstanten und vorgegebenen Outputniveau x_O aus. Denn das Ziel des „Produktionsprozesses" ist die Wiedereingliederung in den Arbeitsmarkt. Andernfalls verfehlt der gesamte Prozess sein Ziel und wird deshalb total ineffizient.

Es gibt kein Marktgleichgewicht, dass die Outpumenge beeinflusst.

Wir sehen uns zwar einer Budgetrestriktion gegenüber. Diese hat aber nur insofern Bedeutung, als wir einen Mindestpreis am Markt für unsere Outplacement-Dienstleistung erzielen müssen, der über dem gesuchten K_{min} liegt.

Letztlich ergibt sich aus dem Minimierungsansatz der Kostenfunktion die Entscheidung, ob das E-Outplacement dem face-to-face-Outplacement vorzuziehen ist. Entscheidende Größen hierfür sind:

der Preis des Produktionsfaktors Arbeit w, oder auch q_l. Streng genommen ist der relative Faktorpreis q_l / q_c die bestimmende Größe

die Produktionselastizität des Faktors Arbeit α (damit ist automatisch auch β festgelegt)

Natürlich wäre es ideal, dies nun anhand konkreter Zahlen zu quantifizieren und damit empirisch zu belegen. Das würde jedoch langfristige Studien erfordern.

Wir betonen an dieser Stelle, dass es sich ausschließlich um eine volkswirtschaftliche Betrachtungsweise der Internalisierungs-Alternativen handelt. Fest steht, dass Outplacement eine geeignete Form der Internalisierung der entstehenden externen Effekte ist und damit auch im paretianischen Sinne effizienzsteigernd wirkt. Es ist nicht pauschal zu beurteilen, welche Form des Outplacements, ob das persönliche oder das E-Outplacement bessere *Volkswirtschaftliche* Ergebnisse erzielt. Ebenso kann aus volkswirtschaftlicher Sicht keine Beurteilung aus sozio-psychologischer oder gar psychotherapeutischer Blickrichtung erfolgen. Es scheint jedoch plausibel, dass bei der einen oder anderen Alternative bessere oder schnellere Ergebnisse erzielt werden, die sich wiederum auch auf die Kostenstruktur auswirken haben. Aber das ist eine Aufgabe, die die volkswirtschaftlichen und wohlfahrtstheoretischen Instrumente nicht leisten können.

10.6 Zusammenfassung

Der Zusammenbruch eines individuellen Arbeitsmarktes hat weitreichende Folgen für den die Arbeitsleistung anbietenden Haushalt. Beim Aufbau eines neuen individuellen Arbeitsmarktes mit einem stabilen Gleichgewicht entstehen Transaktionskosten in verschiedenen Formen. Ein nicht unerheblicher Teil davon verursacht externe Effekte, die effizienzmindernd sind. Outplacement ist eine mögliche und sinnvolle Form der Internalisierung solcher negativen externen Effekte. Welche Form des Outplacements, ob face-to-face oder E-Outplacement effizienzsteigender sind, hängt von den Einflüssen der Produktionsfaktoren Arbeit und Kapital auf den Prozess sowie deren relativem Preis ab.

Ulrich Flieger

Der Autor studierte unter Prof. Dr. Dr. C. C. von Weizäcker an der Universität Köln Volkswirtschaft und durchlief als Karrierestationen u.a. als Country Manager und Mitglied der Geschäftsleitung u.a. bei ALDI Süd, Auto-Teile-Unger und EUFAB. Seit 2010 ist Ulrich Flieger als Unternehmensberater mit Fokus Burnout-Prophylaxe tätig.

Abkürzungen:

c: Kapital (engl.: *capital)*

d: als Index für Nachfrage (engl.: *demand*)

E: Gleichgewichtspunkt (engl.: *equilibrium*)

l: Arbeit (engl.: *labour*)

q_i: Preis des i-ten Produktionsfaktors

r_i: Produktionsfaktor

s: als Index für Angebot (engl.: *supply*)

w: Lohnniveau (engl.: *wages*)

„Verantwortung zeigen“ - Drei Fragen an *Elke Hannack*

***Elke Hannack* ist stellv. Bundesvorsitzende von Ver.di und Mitglied des Vorstands des CDU-Landesverbandes Berlin**

Frau Hannack, immer wieder fordert ver.di mehr soziale Verantwortung seitens der Unternehmen, gerade auch bei Personalabbau. In wieweit rechnet sich Ihrer Ansicht nach unternehmerische Verantwortung konkret auch in betriebswirtschaftlicher Sicht für die im Wettbewerb stehenden Unternehmen?

Erfolgreiche Unternehmen investieren nicht nur in Anlagen, Maschinen, Geräte und Organisation, sondern auch in Kompetenzen, Fähigkeiten, Fertigkeiten und die Gesundheit ihrer Mitarbeiterinnen und Mitarbeiter. Kommt es zu Restrukturierungsprozessen, führt die Angst der Arbeitnehmerinnen und Arbeitnehmer um die berufliche Zukunft und den Arbeitsplatz unweigerlich zu gesundheitlichen Belastungen. Daher müssen die Unternehmen gerade in diesen Zeiten ihre Pflichten hinsichtlich der Vermeidung von Gesundheitsgefahren und der menschengerechten Gestaltung der Arbeit besonders ernst nehmen. Auch wirtschaftlich betrachtet sollten die Unternehmen handeln, denn Krankheit hat durch Produktionsminderungen und Krankengeldzahlungen sowohl unmittelbar als auch langfristig Einfluss auf die Rentabilität des Unternehmens.

Wenn Maßnahmen zur Vermeidung von Personalabbau ausgeschöpft sind oder nicht zur Wahl stehen, rät ver.di Betriebsräten in Sozialplanverhandlungen zur Durchsetzung von Transfermaßnahmen wie Transfergesellschaft, -agentur oder auch Outplacementunterstützung für ausscheidende Mitarbeiter. Gerade erstgenanntes Instrument ist dabei oft als „Mitarbeiterparkplatz“ ins Gerede gekommen, bei welchem alle profitieren – nur die Betroffenen nicht.

Reichen die zum Januar in Kraft getretenen Gesetzesänderungen aus, um schwarze Schafe unter den Anbietern künftig außen vor zu halten?

Oberstes Ziel aller Aktivitäten muss sein, Arbeitslosigkeit zu vermeiden. Wenn alle Initiativen zur Beschäftigungssicherung scheitern, ist die Vereinbarung von Transfergesellschaften *eine* mögliche Handlungsoption für die Betriebsräte. Vor allem bei größeren Entlassungen und wenn Qualifizierungsbedarf besteht, ist die Transfergesellschaft eine bessere Option als die (schnelle) Vermittlung durch die Arbeitsagenturen, weil hier auf die Bedürfnisse der Betroffenen besser eingegangen werden kann.

Das Ziel des Transferprozesses ist, Zeit zu gewinnen für eine qualifikationsgerechte Vermittlung und bei Bedarf Qualifizierung. Vor allem für langjährig Beschäftigte ist dies eine echte Hilfe. Die gesetzlichen Neuregelungen zielen darauf ab, den Prozess zu beschleunigen, dabei kommt aber nach meiner Einschätzung der Aspekt Qualifizierung häufig zu kurz. Im Interessenausgleich und Sozialplan sollte deswegen vereinbart werden, dass neben dem verpflichtenden Profiling immer ein individueller Qualifizierungsplan aufzustellen ist. Dieser sollte für jede/n einzelne/n Arbeitnehmer/in in der Transfergesellschaft eine Qualifizierung in eine realistisch zu erreichende neue Tätigkeit vorsehen, um so das „Parken" in Beschäftigungsgesellschaften zu verhindern.

Sowohl gewerkschaftsnahe Wissenschaftler als auch Personaler bemängeln die oft mangelhafte finanzielle Ausstattung von Transfermaßnahmen in Sozialplänen – oft zugunsten einer stattdessen höheren Abfindungszahlung. In wie weit sollten betroffene Arbeitnehmer sowie ihre Vertretungen verstärkt den Blick auf die Zukunftssicherung legen - und was sagen Sie zu dem Vorschlag, die Verhandlungen um Beschäftigtentransfer vom einzelnen Restrukturierungsfall zu trennen und den Transfer überbetrieblich zu regeln?[24]

Das Ausgestalten von Sozialplänen ist ein schwieriger Abwägungsprozess für den Betriebsrat und den Arbeitgeber. Wichtig ist, dass im abgebenden Unternehmen ausreichende finanzielle Substanz vorhanden ist und die Beschäftigten den für sie individuellen Nutzen der Maßnahme erkennen. Wenn jemand die Perspektive hat, anstatt in Leiharbeit wieder in eine stabile Beschäftigung zu kommen, weil vorher in Qualifizierung investiert wurde, dann werden die Betroffenen auch bereit sein, sich finanziell zu beteiligen. Hier trägt aber auch der Arbeitgeber Verantwortung. In Zukunft ist noch mehr auf eine ausreichende Mittelausstattung und gute Organisation der Transfermaßnahmen zu achten, um eine angemessene Infrastruktur sicherstellen und den Integrationserfolg nicht von vornherein zu gefährden. Bei der Einschätzung, wo das vorhandene Geld im Sinne der betroffenen Arbeitnehmer/innen am besten angelegt ist, sind Arbeitgeber und Betriebsräte gleichermaßen gefragt.

Was den Vorschlag einer überbetrieblichen Regelung des Beschäftigtentransfers betrifft, klingt dieser ja zunächst mal gut, vor allem für Belegschaften kleiner Betriebe. Die Ausstattung der Transferangebote wäre verlässlicher und nicht von dem in einer Notlage ausgehandelten Sozialplan abhängig. Die Instrumente zur Begleitung des Strukturwandels müssen auch nach der Reform der Transfermaßnahmen weiterentwickelt und optimiert werden. Das kann aber nicht Aufgabe der Tarifvertragsparteien sein, sondern liegt in erster Linie in der Verantwortung der Arbeitsmarktpolitik.

Vielen Dank für das Gespräch.

Schlusswort des Herausgebers

Bei der Fertigstellung dieses Buches zum Jahreswechsel 2011/2012 – und damit pünktlich zum zehnjährigen Gründungsjubiläum von des von mir gegründeten ePlacement-Pioniers JobHUNT-INC.COM, haben sich, trotz des möglicherweise epochalen Wandels, in welchem sich die Weltwirtschaft befindet, zwar die Inhalte, kaum aber die *grundsätzlichen* Ziele professionellem HR-Managements geändert. Natürlich zwingen Globalisierung & Vielfalt auch das HR-Management zunehmend international zu denken und zu agieren, es bedarf hierzu neuer internationaler Standards und Strukturen, wie beispielsweise mehr Entsendungs- und interkulturelle Kompetenzen. Und selbstverständlich ist es auch die Aufgabe von HR, einen wesentlichen Anteil daran zu tragen, sogenannte „virtuelle Organisationen“ entstehen zu lassen und zu leiten; z.B. durch die Ausweitung und von variablen Arbeits- und Organisationsstrukturen. Hierzu bedarf es, analog zu der Entwicklungsgeschichte von ePlacement, sicherlich der Schaffung weiterer Kompetenzen bei zunehmend auf „Distance Leadership“ ausgelegten Projektarbeit und Kommunikationswegen.

Hinzu kommt eine sich heute in vielerlei Hinsicht deutlich verschärfende Situation um die Gewinnung und Entwicklung leistungsfähiger Mitarbeiter; der „war for talents“ sowie die Wertigkeit einer profilierten Arbeitgebermarke ist allerdings bereits damals, ungeachtet konjunktureller Schwankungen, ein Thema unter HR-Entscheidern gewesen.

Natürlich hat sich einiges verändert in diesen 10 Jahren. Aktuellere, oft auch politisch induzierte Themen wie Diversity- oder Gender Management sind hinzugekommen, der Wettbewerb um qualifizierte Mitarbeiter hat sich auch international erwartungsgemäß weiter verschärft und das Internet hat seinen Siegeszug auch im Bereich HR fortgesetzt. Kaum ein Unternehmen, welches sich heute noch leisten kann oder auch nur könnte, ohne eigene „eCruiting“-Strategien im Internet aktiv zu sein - oder aber diesen sowie andere Teile der Rekruitierungsfunktion an professionelle Recruitment Process Outsourcing-Anbieter auszulagern. Gleichwohl haben die grundsätzlichen Themen wie die Forcierung der Attraktivität der Arbeitgebermarke durch entsprechende Employer Branding Strategien & Co. primär ein Ziel – nämlich die Optimierung der eigenen Marktsituation im Kampf um Talente, Professionals und andere Fachkräfte. Und genau diesen Anspruch formuliert in letzter Instanz auch ePlacement für sich. Dass gerade in Zeiten des Web 2.0 der mögliche Imageschaden durch frustrierte Mitarbeiter sich potenzieren kann und so auch die Attraktivität eines Employer Brands nachhaltig schädigen kann ist weitgehend allgemein bekannt.

Auch dass die zunehmende Volatilität der globalen Märkte die Erwartung an die Notwendigkeit eines (sich auf den ersten Blick vermeintlich widersprechenden Faktors begründet; nämlich dem des invers korrelierendem Personalbedarfs) ist hierbei zu beachten (wobei dieser in der Regel natürlich nur quantitativ besteht. Denn: Dass die an einem Standort im Marketing abgebauten Mitarbeiter nicht unbedingt anderorts eine Idealbesetzung für gleichzeitig gesuchte Sachbearbeiter im Controlling darstellen braucht vermutlich an dieser Stelle keiner weiteren Ausführung).

Da aber dieselben Mitarbeiter, für welche es aktuell inhouse keine Verwendung mehr gibt, gerade aufgrund des sich verknappenden Angebotes an Fachkräften bereits mittelfristig wieder höchst attraktive Recruitment-Ziele für das (ihnen gar noch bekannte!) Unternehmen sein können, gewinnt eine sozialverträgliche, einvernehmliche Trennung zusätzlich eine ganz neue Bedeutung.

Aber auch ganz ohne Gefahr zu laufen, sich bei der Kosten-Nutzen-Analyse in „soft facts“ wie soziale Verantwortung zu verlieren, (die je nach Interessenlage nahezu beliebig interpretierbar sind) möchte ePlacement auch monetär Fakten schaffen – und sich damit finanziell als gewinnbringende Alternative zu den bisherigen Verfahren zu positionieren, an der aufgrund der resultierenden Win-win-Situation mehrheitlich kaum ein Weg vorbei führen kann (Ausnahmen bestätigen bilden auch hier die Regel!).

Die steigende Bedeutung eines am Mitarbeiter orientierten Personalmanagements, der erfahrene Zuspruch seitens unserer Unternehmenskunden sowie das die zunehmende Adaption von ePlacement-Inhalten von etablierten Anbietern lässt darauf hoffen, dass ePlacement irgendwann einmal als verbindendes Element einen gleichberechtigten Stand neben Einzel-Outplacement einerseits und Gruppen-/Transfermaßnahmen andererseits einzunehmen weiß.

Ob dies so sein wird – oder ob möglicherweise ein gänzlich neues viertes Transfermodell die Palette bereichern wird – schreiben wir dann im nächsten Buch: e-(?)Placement 4.0.

Danksagung

Mein abschließender Dank gilt jenen Menschen, ohne die dieses Buch nicht möglich gewesen wäre.

Zunächst möchte ich mich bei den Gastautoren, Kooperations- und Interviewpartnern, ausnahmslos namhafte Experten in ihren jeweiligen Bereichen, dafür bedanken, dass sie, trotz der mit ihren Positionen einhergehenden zeitlichen Auslastung, ihre Expertise in dieses Buch eingebracht haben.

Nicht vergessen werden sollte an dieser Stelle auch der langjährige Chefredakteur der *Personalwirtschaft;* Herr Jens Reimer Schinkel, dessen ausgesprochen breitem HR-Fachwissen ich einige der hier eingebrachten Themenansätze verdanke.

Auch unserer Projektmanagerin Frau Regina Lindner möchte ich für ihre freundliche Unterstützung bei der mühsamen Korrektur des Manuskriptes meinen Dank aussprechen sowie David Deters sowie meinem Bruder Fabian A. Böhnke für seine Unterstützung.

Last but not least danke ich meinen Eltern:

Meinem Vater, dass er mich von klein auf an den Jahrzehnten seiner Karriere, vom Marketingtrainee eines mittelständischen Markenartiklers bis in die Geschäftsleitung einer US-Konzerntochter, teilhaben ließ und mir so das Manager-Handwerk lehrte; meiner Mutter (und ihrem Verhandlungsgeschick meinem Vater gegenüber), dass ich bereits in jungen Jahren in das elterliche HR-Consultingunternehmen eintreten durfte, womit frühzeitig der Grundstein für die Entwicklung auch des dargestellten Konzeptes gelegt wurde.

Rückmeldung ehemaliger Klienten

"Vielen Dank für Ihre zündenden Ideen, u.a. bezüglich der Initiativbewerbungen. Mir hat es zunächst die Sprache verschlagen. Aber nur so kann man sich von den anderen abheben." **L.M., Dipl.-Ing., 52, Hamburg**

„Die Zusammenarbeit empfand ich als sehr entspannt und positiv, und die Suche nach Arbeit fing an, mir wirklich Spaß zu machen. Ich trug stolz die ersten Bewerbungen zur Post – diesmal mit der Sicherheit, auch wirklich gut anzukommen – und erste Erfolge stellten sich ein: Rückfragen von Arbeitgebern, Vorstellungsgespräche bei dem Verlag, in dem ich schon immer arbeiten wollte und das so wichtige Gefühl, in jedem dieser Schritte persönlich und individuell unterstützt zu werden – und das sehr flexibel, am Telefon – ob abends oder gegebenenfalls auch am Wochenende. Ein herzliches Dankeschön für Ihre Betreuung!" **M.A., 36, Schwabach**

"Bewerben und Jobsuche erfordert heute den Profi ..., da ist es hilfreich einen starken Partner zu haben, der beratend zur Seite steht und die aktuellen Anforderungen kennt. Jobhuntinc Consultants hat mich mit der Motivation, dem Engagement und der konstruktiven Zusammenarbeit überzeugt, ein solcher Partner zu sein." **K.B., 40, Mehren**

"Die Beschäftigungssuche für qualifizierte Akademiker, aber auch für alle anderen Berufssparten, erfordert einen langen Atem und ist nicht selten von Selbstzweifeln und Perspektivlosigkeit geprägt. Da ist es gut, einen kompetenten Partner an seiner Seite zu haben, der einem neue Wege aufzeigt und sich mit dem Erstbesten nicht immer zufrieden gibt. Vielen Dank." **W.B., Dipl.-Geograph, 33**

„...hervorzuheben ist auch die partnerschaftliche Zusammenarbeit bei der Suche nach potenziellen Arbeitgebern. Hierbei wurden bemerkenswerte Resultate erzielt. Schon nach wenigen Wochen der Zusammenarbeit waren deutliche Zeichen der Verbesserung und der Wahrnehmung durch die angesprochene Zielgruppe der Personalmanager festzustellen. Dies alles wurde erreicht dank einer ausführlichen persönlichen Beratung und des daraus entwickelten Bewerberprofils. In diesem Sinne habe ich Ihr Haus ehemaligen Kollegen bei der Suche nach einer neuen beruflichen Perspektive weiterempfohlen. Ich wünsche Ihnen weiterhin viel Erfolg! **G.H., MA, 46, Kaltenkirchen**

„(...) als ich auf Empfehlung auf Ihr Unternehmen aufmerksam geworden bin, war ich zunächst nicht sicher, ob das Telefon dem Anspruch einer persönlichen Betreuung gerecht werden kann. Ich kann Ihnen versprechen, dass ich meine Zweifel komplett ad acta gelegt habe. Im Gegenteil: aufgrund der regelmäßigen, immer professionellen Telefon-Meetings mit meinem Coach sowie der aktiven Zusammenarbeit bin ich davon überzeugt, dass Ihr ePlacement eine echte Alternative zum klassischen Outplacementcoaching darstellt. Danke!" **W.E., Meppen, Kaufm. Angestellter**

"...ich bin daher sehr zufrieden mit der engen Zusammenarbeit mit meiner Beraterin... . Der sehr persönliche telefonische Kontakt ist ein echter Vorteil und sehr effektiv. Ich werde Sie definitiv weiterempfehlen!" **G.R., 29, Frankfurt-M.**

"In dieser wirtschaftlich schwierigen Situation mit externen Headhuntern / Jobvermittlern, die aus eigenen monetären Beweggründen agieren und das gute Verhältnis zu dem Unternehmen höher wertschätzen als das des Einzelnen, hat man doch im Gegensatz dazu als Kunde der Jobhuntinc. das Gefühl, von einem kompetenten, neutralen Beraterteam betreut zu werden, in dessen Mittelpunkt diesmal das Individuum und der Freund steht." **G.L., 36, Dipl.-Wirtschaftsing.**

"Das Anschreiben und der Lebenslauf sowie die ganze Kampagne gefallen mir sehr gut, so fließend und konkret kann sie nur ein Profi erstellen." **A.W., Berlin**

"... gute und intensive Kundenbetreuung" "... sehr hilfreich"
"... schnelle Bearbeitung der Stellenangebote"
"... sehr intensiver Kundenkontakt"
"... immer freundlich"
"... intensive Bemühungen um meine erfolgreiche Neupositionierung. Vielen Dank!"
B.G., 26, IT-Kaufmann

"... nach fast 3 Jahren Arbeitslosigkeit hat mich meine sehr kompetente und professionell arbeitende Beraterin ... mit ihrem Team aus einem Graben der Existenz- und Verlustangst heraus geleitet. Bei JOBHUNTINC.COM, ehem. JOBHUNTERS.DE, fühlte ich mich stets erstklassig betreut und verstanden. Keine 4 Monate nach der Beauftragung habe ich mit 49 Jahren (!) noch meinen Traumjob gefunden – dank des äußerst konsequenten und einsatzbereiten Handelns von JOBHUNTINC.COM. Ich danke Ihnen von Herzen für Ihre Anstrengungen!" **D.B., Abteilungsleiter**

„Trotz des fehlenden direkten persönlichen Kontakts bestand über die Entfernung hinweg eine stets vertrauensvolle Zusammenarbeit mit meinem Personal Consultant von Jobhuntinc Consultants. Ihre Beratung ist einfühlsam, die Vorgehensweise systematisch und sehr treffsicher. Schwachpunkte in meinen Unterlagen, in den Formulierungen und Argumentationen wurden aufgedeckt und die Stärken herausgearbeitet. Mein Coach stand immer für alle Fragen zur Verfügung und gab wichtige Tipps und Anregungen. (...) Daher fühlte ich mich zu jeder Zeit optimal in meinem Interesse vertreten, eine geeignete Arbeit zu finden, in der ich meine beruflichen bzw. persönlichen Ziele realisieren kann. ...empfinde ich die Unterstützung von meinem Karrierecoach als sehr motivierend und als beste Voraussetzung für die bevorstehenden Hürden auf einem sehr fordernden Arbeitsmarkt." **T.T., 41, Bruchköbel, Projektleiter**

„Nach 5 Monaten Arbeitslosigkeit, zahlreichen frustrierenden Vormittagen im Arbeitsamt als wartende Nummer 234, nach fehlgeschlagenen Bewerbungen und dem stets mulmigen Gefühl, war ich (Autorin, Referentin für Presse- und Öffentlichkeitsarbeit, 36) nicht mehr länger bereit, dem Arbeitsamt meine Zukunft anzuvertrauen. Ich wandte mich an Jobhun-

tinc und schon nach dem ersten Telefonat mit meiner Karriereberaterin hatte ich das Gefühl, als „Mensch mit Qualitäten" und nicht als „Mensch ohne Arbeit" wahrgenommen zu werden. Keine Spur von gelangweiltem Dienst nach Vorschrift – im Gegenteil – ich wurde endlich als Arbeitswillige in meinen Qualifikationen ernstgenommen." **Unbekannt**, **Frankfurt / M.**

Anmerkung: Alle Personenangaben aus Gründen der Diskretion anonymisiert.

Quellennachweise & Literatur

Böhnke, Christian M.:

[1] Wolff, B., Lazear, E.: „Einführung in die Personalökonomik", Schäffer-Poeschel (2001)

[2] Bund Deutscher Unternehmensberater (BDU), Studie: „Outplacementberatung in Deutschland 2007/2008"

[3] Eichhorst, Werner, Marx, Paul, Thode, Eric: Arbeitsmarkt und Beschäftigung in Deutschland 2000–2009 Benchmarking Deutschland: Beschäftigungserfolge bei zunehmender Differenzierung, (Studie von Bertelsmann-Stiftung und Institut zur Zukunft der Arbeit, 2009)

[4] Kuhn, Lothar: Lehren aus der Krise, Harvard Business Manager 07/2010, Schwerpunkt Personalführung (S. 13)

[5] Quelle: McKinsey, S. 7, Abb. 1 (unter Bezugnahme auf OECD Main Economic Database) (2010)

[6] Eichhorst, Werner; Marx, Paul: Kurzarbeit — Sinnvoller Konjunkturpuffer oder verlängertes Arbeitslosengeld? Wirtschaftsdienst Volume 89, Number 5 322-328, DOI: 10.1007/s10273-009-0931-x (2009)

[7] Schumpeter, Joseph, „Kapitalismus, Sozialismus und Demokratie" (1942)

[8] Sattelberger, Thomas: „Ein langer, dorniger Weg", Personalwirtschaft 11/2006 (S. 10-12), WoltersKluwer

[9] Berner, Winfried; „Change!", Schäffer-Poeschel (2010)

[10] Aus: 4personaler.de: Der Kündigungsschutzprozess und die Risikoanalyse (29.07.2009) http://www.4personaler.de/de/arbeitsrecht_lohnabrechnung/beschaeftigungsende/kuendigungsschutzprozess/der-k%C3%BCndigungsschutzprozess-und-die-risikoanalyse_fxqfulk4.html

[11] Franke, Carsten; Dersch, Jörg: „Das Besondere liegt in der Vielfalt" Aus: Personalwirtschaft 03/2011, S. 46-47

[12] Nach Beck, Christoph: „Personalmarketing 2.0 - Personalmarketing in der nächsten Stufe ist Präferenz-Management"

[13] Könemann, Tanja: „Kündigungen Ex und hopp" 11.01.2010 FOCUS-Online: http://www.focus.de/finanzen/karriere/management/tid-16439/kuendigungen-ex-und-hopp_aid_459360.html

[14] Aus: Am Scheidepunkt, Human Resources Manager, 04/2010 (S. 44)

[15] Aus: Müssen HR-Manager Moralpolizisten sein? Human Resources Manager, 04/2010 (S. 16)

[16] Rolke, Lothar; Schuhmann, Ulrich: Die gemeinsamen Ziele vor Augen, (S. 71), Human Resources Manager, 04/2010

[17] Seiwert, Lothar J. Outplacement als Instrument des Personalmanagements. Outplacement. Personalfreisetzung und Karrierestrategie, Gabler, Wiesbaden (1989 a).

[18] Eck, C. D.: Beratung und Schulung bei Personalfreisetzung,Aus: Die Unternehmung, S. 83/ 94 (1983)

[19] Berner, Samuel: Reaktionen der Verbleibenden auf einen Personalabbau; Universität St. Gallen (1999)

[20] Mayrhofer, W. (1989). Trennung von der Organisation. Wiesbaden: DUV)

[21] Hauff, S./Alewell, D.; Trennungsmanagement, Universität Hamburg, (2010)

[22] Vgl. Böhnke, Christian u.a.: Das aktuelle Interview: Gewinn und soziale Verantwortung, Arbeit und Arbeitsrecht 05/2010, S. 295

[23] Lohaus, Daniela: Outplacement, S. 5, Hogrefe, Göttingen (2010)

[24] Trennungskultur, 2002, S. 210

[25] Achouri, Cyrus: Recruiting und Placement (2010), S. 65, Gabler (Wiesbaden)

[26] Kinast, Eva-Ulrike: Neue Entwicklungen in Personalwirtschaft, Organisation und Unternehmensführung, Vortrag im Rahmen des 7. Regensburger Forums am 12.10.2001

[27] Bolduan, Gudrun; Debus, Isolde: Outplacement als Chance. Mit dem Karrierecoach zum beruflichen Neustart (S. 13) Eichborn (2001)

[28] Aus: Stoebe, Fritz, Outplacement: Manager zwischen Trennung und Neuanfang, S. 22, Frankfurt/Main; New York: Campus Verlag (1993)

[29] Vgl. Stoebe, Fritz, Outplacement: Manager zwischen Trennung und Neuanfang, S. 34, Frankfurt/Main; New York: Campus Verlag (1993)

[30] Lohaus, Daniela: Outplacement, S.43 (2010)

[31] Lingenfelder, M.& Walz, H. (1989). Struktur und Bewertung von Gruppenoutplacement . Personal , 41 (7) 258-262.

[32] Nadig, Toni; Reemts Flum, Brigitte: Entlassung – Entlastung? Outplacement als Brücke zwischen Entscheidern und Entlassenen, S. 39-42, Orell Füssli Verlag, Zürich (2008)

[33] Aus: Nadig, Toni; Reemts Flum, Brigitte: Entlassung – Entlastung? Outplacement als Brücke zwischen Entscheidern und Entlassenen, S. 42 ff., Orell Füssli Verlag, Zürich (2008)

[34] S. 44 Aus: Nadig, Toni; Reemts Flum, Brigitte: Entlassung – Entlastung? Outplacement als Brücke zwischen Entscheidern und Entlassenen, S. 42, Orell Füssli Verlag, Zürich (2008)

[35] Bartscher, Thomas, in: Gabler Wirtschaftslexikon Gabler Verlag (Herausgeber), Stichwort: Outplacement, online im Internet: http://wirtschaftslexikon.gabler.de/Archiv/85667/outplacement-v1.html

[36] Bund Deutscher Unternehmensberater BDU (Hrg.): Outplacement-Studie 2007/2008

[37] Nicolai, Wolfgang, Outplacement als Instrument des Personalmanagements, Haufe Personal online

[38] Bundesagentur für Arbeit, Nürnberg Glossar Anlage 1 zur HEGA 09/08, Transferleistungen - Transfermaßnahmen nach § 216a SGB III und Transferkurzarbeitergeld nach § 216b SGB III

[39] http://de.wikipedia.org/wiki/Transfergesellschaft

[40] Knuth, Matthias / Mühge, Gernot: Von der Kurz-Arbeit zur langfristigen Sicherung von Erwerbsverläufen, Reihe: edition der Hans-Böckler-Stiftung, Arbeit und Soziales, Bd. 244
Düsseldorf: (2010)

[41] Bundesverband der Träger im Beschäftigtentransfer e. V. http://www.bvtb.de/index.php?id=liste-der-qualittskriterien

[42] Knuth, Matthias / Mühge, Gernot: Von der Kurz-Arbeit zur langfristigen Sicherung von Erwerbsverläufen, Reihe: edition der Hans-Böckler-Stiftung, Arbeit und Soziales, Bd. 244.
Düsseldorf: 2010, ISBN: 978-3-86593-137-5. 88 Seiten

[43] http://www.wiwo.de/politik-weltwirtschaft/transfergesellschaften-sind-geldverschwendung-420005/

[44] Vgl. Mewes, Wolfgang: Mit Nischenstrategie zur Marktführerschaft. Beratungs-Handbuch für mittelständische Unternehmen: Mit Nischenstrategie zur Marktführerschaft, Bd.1, Orell Füssli (2000)

[45] Schmeisser, Wilhelm: Finanzorientierte Personalwirtschaft, Oldenbourg Verlag, München S. 201 ff. (2008).

[46] Andrzejewski, Laurenz: Trennungskultur Handbuch für ein professionelles Wirtschaftliches und faires Kündigungsmanagement, S.201, Kriftel, Luchterhand (2002)

[47] Küntzel, Ulrich; in: Outplacement als Telefonseelsorge, Personalmagazin 05/2004, Haufe.

[48] Aus: Handbuch Online-Beratung, Kühne, Stefan; Hintenberger (Hrsg.), Vandenhoeck & Ruprecht (2009).

[49] Rawlinson, Graham: "The significance of letter position in word recognition", Dissertation an der Universität Nottingham (1976)

[50] Möbes, Janine: Hypothesengeleitete Informationsverarbeitung während der Wahrnehmung von Sprache (Dissertation), Otto-von-Guericke Universität Magdeburg (2006)

[51] vgl. Schmidt, Katja; in: Telepolis, 24.09.2003.

[52] von Heimburg, York; Radisch, Gerd F.: Virtuelle Teams erfolgreich führen (2001)

[53] Palfrey, John; Grasser, Born Digital: Understanding the First Generation of Digital Natives, Basic Books (2008)

[54] Trost, Armin: Wie die Generation Y kommuniziert, erschienen erstmals am 28.10.2010 auf harvardbusinessmanager.de

[55] Bundesagentur für Arbeit (Hrsg.) Geschäftsanweisungen Transferleistungen (§§ 216a und 216b SGB III), gültig ab 1. Januar 2011

[56] Aus: Outplacement 2.0, Arbeitsrecht im Betrieb 04/2011; Becker, B., Böhnke, C., Lindner, R.

[57] Bundesagentur für Arbeit (BA) Geschäftsanweisung Transferleistungen, (HEGA 11/10 - 10)

[58] Wacker, Michael: Guter Transfer entsteht nicht allein am „grünen Tisch“ Stellungnahme zum Beschäftigngschancengesetz in Arbeit und Arbeitsrecht 01/2011, S.13 Huss Medien

[59] Paulsen, Jens-Peter: Mehr Staat wagen? Arbeit und Arbeitsrecht 11/2010 (S. 640-642)

[60] Schmeisser, Wilhelm, Clermont, Alois; Betriebswirtschaftliche Nutzwertanalyse von Outplacement-Maßnahmen, aus: Einführung in die finanz- und kapitalmarktorientierte Personalwirtschaft, Rainer Hampp Verlag München und Mering 2007)

Höher, Peter; Lüdke, Christian:

[1] Molitor, Andreas (2006): Raus, aber schnell!, in: brandeins 02/06, brandeins Verlag GmbH, Hamburg, 88-95)

[2] Schulz / Fritz / Schuppert / Seiwert / Walsh (1989): Outplacement. Personalfreisetzung und Karrierestrategie. Gabler Wiesbaden

[3] Höher, F. / Höher, P. (2004): Konfliktmanagement: Konflikte kompetent erkennen und lösen. Bergisch-Gladbach. EHP-Verlag

[4] Fritz, Wolfgang (1982): Konflikte bei der Trennung von Mitarbeitern und deren Lösung durch ganzheitliche Outplacement-Beratung. Unveröff., verfielfältigtes Vortragsmanuskript (Präsentationsunterlagen Hochheim 1982); zit. n. Seiwert 1989, 27

[5] Correll, Werner (1978): Menschen durchschauen und richtig behandeln. München, zit. nach Seiwert 1989, a.a.O.

[6] Schulz, Dieter (1989): Was: Konsequenzen und Erkenntnisse für die Praxis, in: Schulz et al. (1989): Outplacement, a.a.O., 127-155

[7] Seiwert, Lothar J. (1989): Warum: Notwendigkeit und Ursachen von Outplacement, in: Schulz et al. (1989), 19-44 9 zit. n. Seiwert 1989, 22

[8] Klaffke, Martin (2005): Mitarbeiter für den Wandel begeistern. Ergebnisse einer Studie von Roland Berger und INSEAD zum Change Management in: Personalführung 12/2005, 54-63

[9] Seiwert, Lothar, J. (1989): Outplacement als Instrument des Personalmanagements, in: Schulz et al. (1989), 11ff.

[10] Reichers, A. / Wanous, J. / Austin, J. (1997): Understanding and managing cynicism about organizational change, in: Academy of Management Executive, 11 (1), 48-59

[11] Abrahamson, E. (2004): Avoiding repetitive change syndroms, in: MIT Sloan Management Review, 54 (2), 93-95

Lang, Joseph:

[1] Zu CMC S. 17ff. Definition (S. 19): „Computervermittelte Kommunikation ist eine Form medialer Kommunikation, bei der Computer bei der En- und Dekodierung von Nachrichten zum Einsatz kommen. (Nach Boos, Jonas & Sassenberg, 2000)

[2](vgl. 2 Levold, T.(1997): Affekte und System. Plädoyer für eine Perspektivenerweiterung. System Familie 10:120-127.)

[3] Vgl. dazu A.Kucera : (2001) Online-Therapie. Eine Bestandesaufnahme. In: Psychotherapie Forum, Springer-Verlag (2001)9: 131-142, Seite 140.

[4] Die empirischen Daten beziehe ich zum größten Teil aus der Diplomarbeit von Frau Kriener an der Universität in Wien, die sie im Jahr 2002 abgeschlossen hat. Sie hat sich darin zum Ziel gesetzt, empirisch belegte Hypothesen zur Einschätzung von Ratsuchenden einer Onlineberatung zu prüfen. Zehn Fragen und sieben Hypothesen stehen zur Diskussion.

[5] Vgl. www.kummernetz.de. Auswertung einer Befragung von Ratsuchenden, die zwischen dem 22.4.01 und dem 15.7.2001 die Beratung beansprucht haben. Internes Dokument.

[6] John M.Grohol (2001): Best Practices: e-therapy. Clarifying the Definition. May 2001 / ftf = face to face

[7] Eva Jaeggi: Wien 2002(3.Weltkongress für Psychotherapie): Alltagsbeziehungen und ihr Bezug zur therapeutischen Beziehung

[8] A. a. O. Internes Papier „Befragung" KN S. 5

[9] Kriener, a.a.O. Tab.4

[10] Gebhardt Christine (2000): „Brief und E-mail als Medium von Beratung und Therapie. Analyse der Briefe und Emails von ratsuchenden Menschen mit aussergewöhnlichen Erfahrungen. Diplomarbeit an der Albert-Ludwigs-Universität Freiburg i.Br.

[11] Wortschöpfung von J. Lang (2001) S.9

[12] „Samovar" (Jugendberatung Meilen) berichtet von 21% Jugendlichen, die einen zweiten Kontakt hatten, und von 8%, die ein drittes Mal geschrieben haben (Olivier Andermatt). Ab 2002 ist dieses Angebot in das gesamtschweizerische Onlineangebot „Ciao.ch" integriert.13 Lang (2001) S. 9 in einem speziellen Kasten

[14 18] In enger Anlehnung an die Definition der KFOB (Kommission Fortbildung Online-Beratung FSB) / (cf. Trust = Authentication + Encryption + Certificate Authority www.thawte.com)

Burgmer, M. & Spielberg, R.(2000): „Psychotherapie im Internet ? In: Psychotherapie im Dialog, Nr. 1,2000,S.77-81. Stuttgart: Thieme

Eichenberg, C., Klemme, A. & Theimann, T. (2002). Beratung und Therapie im Internet. Posterpräsentation auf dem 3. Weltkongress für Psychotherapie, 14.-18. Juli 2002, Wien.

Furrer, Marina (2002): „Onlineberatung im psychosozialen Umfeld". Uni Wien.

Gebhardt, Christine (2000): „Brief und E-mail als Medium von Beratung und Therapie. Analyse der Briefe und E-mails von ratsuchenden Menschen mit aussergewöhnlichen Erfahrungen. Diplomarbeit an der Albert-Ludwigs-Universität Freiburg i.Br.

Grawe, Klaus (1998): „Psychologische Therapie". Hogrefe.

Janssen, L.(Hrsg.)(1998): „Auf der virtuellen Couch: Selbsthilfe, Beratung und Therapie im Internet. Bonn: Psychiatrie-Verlag

Kriener, Ulrike (2002): "Psychologische Online-Beratung. Personale Merkmale und Erwartungen von Klienten im deutschsprachigen Raum". Universität Wien.

Kucera, A.(2001): „Online-Therapie.Eine Bestandesaufnahme.In:Psychotherapie Forum 9/2001 S.131-142

Lang, Josef (2002): „Wie nutzt die Psychologie die neuen Medien ? Beispiel Paarberatung online. In: „Brüstle Matthias (2002): „Kommunikation der Zukunft – Zukunft der Kommunikation." Kongressbericht Brixen.

Lang, Josef (2001): „Gut beraten mit Internet ? Psychologische Onlineberatung heute. In: Psychoscope 6/2001 S. 9-13

Lang, Josef (2001): „Onlineberater/Innen. Resultate einer Umfrage". (Zusatzbericht zum obenstehenden Artikel)

Mikosz, B. (2002): „Psychologische Internetberatung für Jugendliche im Rahmen der Wiener Jugendwohlfart." In: „Brüstle Matthias (2002): „Kommunikation der Zukunft – Zukunft der Kommunikation." Kongressbericht Brixen.

Spielberg, R. & Ott, R. (1999): „Psychotherapie und Beratung im Netz – Was geht, was geht nicht?" Psychomed 11,123-128

Strobl, Kathrin (2002): „Psychotherapie im Internet: Teil des psychosozialen Versorgungssystems?" Universität Wien.

Werder, Lutz von (1998): „Schreiben von Tag zu Tag. Wie das Tagebuch zum kreativen Begleiter wird." Walter Verlag.

White, Michael & Epston, David (1942): Die Zähmung der Monster. Carl Auer Verlag.

Flieger, Ulrich:

[1] Hoyer/Rettig, 1984, S.1f

[2] Zur genauen Herleitung des Angebotes des Haushaltes an Arbeit siehe Hoyer/Rettig, 1984, S.108ff. Daraus wird deutlich, warum die Betrachtung von Arbeit und Freizeit zur analytischen Bestimmung des Arbeitsangebotes in Abhängigkeit vom Lohnniveau nötig ist.

[3] Im Folgenden wird unterstellt, dass die ursprünglich für den sekundären Sektor entwickelten Modelle auch für den tertiären und quartären Sektor angewandt werden können.

[4] Kern, 1980, S.12, vgl. hierzu auch Gutenberg, 1958, S. 57

[5] Zu den Skalenerträgen siehe: Samuelson/Nordhaus, 1995, S.131ff. Produktionsfunktionen mit steigenden Skalenerträgen werde uns später beschäftigen.

[6] zu den Fertigungskosten und deren Einteilung vgl. Gutenberg, 1958, S.65ff

[7] Grund hierfür sind die Entlohnungsformen: Löhne und Gehälter sind fix; wohingegen Akkord- oder Stücklöhne eo ipso variabel sind. Letztere sind aber kaum noch in reiner Form anzutreffen, weil sie dem Grundgedanken der sozialen Marktwirtschaft widersprechen.

[8] Als „Ausbringungsmenge" können hier alle auch im tertiären oder quartären Sektor erbrachten Güter aufgefasst werden.

[9] Zu externen Effekten in der Produktion siehe: Sohmen, 1976, S.222ff

[10] Beispiele hierfür sind die ertragsgesetzliche Produktionsfunktion nach Gutenberg oder die limitationale Produktionsfunktion nach Leontieff

[11] Vgl. hierzu Hoyer/Rettig, 1984, S.192ff

[12] Schumann e.a., 1999, S.123ff

[13] Coase, 1937

[14] Sohmen, 1976, S.30

[15] vgl. Sohmen, 1976, S.244

[16] vgl. Bössmann, 1967, S.12ff

[17] zum Begriff des „Recovery" vgl. Amering e.a. 2007, S.17

[18] An dieser Stelle wollen wir nicht in die Diskussion über Burnout einsteigen. Burnout ist ein Phänomen, das eine interdisziplinäre Betrachtung erfordert, und genau deshalb weder von Wirtschaftlern, noch Medizinern, noch Soziologen greifbar gemacht werden kann. Es ist bis heute nicht präzise definierbar, und deshalb von der klassischen Demotivation kaum unterscheidbar. Fest steht jedoch, dass Burnout Kosten verursacht. Wir trennen hier zwischen den Kosten, die ein Burnout-Betroffener bereits im Betrieb verursacht hat, und den Kosten, die dem Betroffenen durch den Verlust seines Arbeitsplatzes entstehen. Ausschließlich Letztere sind für unsere Transaktionskosten-Analyse von Belang.

[19] vgl. Hoyer/Rettig, 1984, S94

[20] zum Begriff der „Opportunitätskosten" vgl. Hoyer/Rettig, 1984, S. 6; Samuelson/Nordhaus, 1998, S-156-158

[21] zum Begriff der „öffentlichen Güter" vgl. Musgrave e.a., 1990, S.53ff

[22] vgl. Sohmen, 1976, S.239

[23] zur Minimalkostenkombination vgl. Schuhmann, e.a. 1999, S.151ff

[24] Siehe hierzu: Drei Fragen an Gernot Mühge

Schwemin-Masur, Renate:

Amering, M., Schmolke, M.: Recovery Das Ende der Unheilbarkeit, 5.Auflage, Bonn 2007

Bössmann, E.: Die mikroökonomische Analyse von Kommunikationsbeziehungen in Organisationen, Berlin Heidelberg New York 1967

Coase, R.: The Nature of the Firm, in: Economica 4, 1937

Gutenberg, E.: Einführung in die Betriebswirtschaftslehre, Wiesbaden 1958

Hoyer, W.; Rettig R.: Grundlagen der mikroökonomischen Theorie, 2.Auflage, Düsseldorf 1984

Kern, W.: Industrielle Produktionswirtschaft, 3.Auflage, Stuttgart 1980

Musgrave, R.A., Musgrave, P.B., Kullmer, L: Die öffentlichen Finanzen in Theorie und Praxis, Band 1, 5.Auflage, Tübingen 1990

Samuelson, P.; Nordhaus, W.: Volkswirtschaftslehre, 15.Auflage, Frankfurt Wien, 1998

Schumann, J., Meyer, U., Ströbele, W.: Grundzüge der mikroökonomischen Theorie, 7.Auflage, Berlin Heidelberg New York 1999

Sohmen, E.: Allokationstheorie und Wirtschaftspolitik, Tübingen 1976

Waterkortte

Mobbing im Arbeits- und Beamtenrecht

Kompaktwissen für die Praxis

Mehr als jeder vierte Beschäftigte in Betrieb und Verwaltung gibt mittlerweile an, von Mobbing betroffen zu sein oder schon einmal darunter gelitten zu haben.

Mobbing am Arbeitsplatz entsteht nicht nur im hierarchischen Verhältnis zwischen Vorgesetztem und Untergebenen sondern existiert nicht weniger häufig zwischen den Beschäftigten. Sogar Vorgesetzte leiden unter Mobbing durch einzelne Arbeitnehmer oder von Teilen der Belegschaft.

Der Titel zeigt in kompakter Form wesentliche Erscheinungsformen und Folgen von Mobbing für den einzelnen Arbeitnehmer und für den Betrieb auf; weist individuelle zivil-, strafrecht- und arbeitsrechtliche Möglichkeiten der Gegenwehr auf den kollektivrechtlichen Rahmen der Einflussnahme nach dem Betriebsverfassungsgesetz und den Personalvertretungsgesetzen von Bund und Ländern dar.

ISBN 978-3-941388-34-5 Preis der Printausgabe: 19,80 €

Bontrup, Hansen

Personalmanagement Kompakt

Schriften zur Personalwirtschaft

Das Buch „Personalmanagement Kompakt“ ist eine Aufsatzsammlung von prominenten WissenschaftlerInnen und PraktikerInnen. Neben Fragen der Personalplanung und des Personalcontrollings werden das Problemfeld der Führung im Unternehmen sowie die Theorie und Praxis aktueller Managementkonzepte zur Modernisierung der Arbeitsorganisation angesprochen. Weitere Aufsätze beschäftigen sich mit einem internationalen Vergleich der Arbeitszeitorganisation im Betrieb und mit der theoretischen Analyse des Arbeitsentgeltes in Form eines volks- und betriebswirtschaftlichen Diskurses. Den Abschluss des Buches bildet ein Beitrag zur Unternehmenskultur, Partizipation und Mitbestimmung.

Die vorgelegte Aufsatzsammlung eignet sich sowohl für Studierende der Wirtschaftswissenschaft mit den Schwerpunkten Arbeitsökonomie und Personalbetriebswirtschaftslehre als auch für Praktiker im Bereich des Personalmanagement sowie für unternehmerische und betriebliche Mitbestimmungsträger.

ISBN 978-3-941388-40-6 Preis der Printausgabe: 29,80 €